WTB
Wissenschaftliche Taschenbücher

Mathematik · Physik

Georg Dautcourt

# Relativistische Astrophysik

Akademie-Verlag · Berlin
Pergamon Press · Oxford
Vieweg + Sohn · Braunschweig

WTB Wissenschaftliche Taschenbücher

ROLF BORSDORF / MANFRED SCHOLZ
**Spektroskopische Methoden in der organischen Chemie**

WERNER HABERDITZL
**Magnetochemie**

GERHARD HEBER
**Mathematische Hilfsmittel der Physik,** Teil I und II

A. A. SOKOLOW
**Elementarteilchen**

HEINZ AHRENS
**Varianzanalyse**

HANS-JÜRGEN TREDER
**Relativität und Kosmos**
Raum und Zeit in der Physik, Astronomie und Kosmologie

ALBERT EINSTEIN
**Grundzüge der Relativitätstheorie**

ALBERT EINSTEIN
**Über die spezielle und die allgemeine Relativitätstheorie**

GÜNTHER LUDWIG
**Wellenmechanik.** Einführung und Originaltexte

HARRY PAUL
**Lasertheorie,** Teil I und II

FRANZ RUDOLF KESSLER
**Einführung in die physikalischen Grundlagen der Kernenergiegewinnung**

EBERHARD HOFMANN
**Eiweiße und Nucleinsäuren als biologische Makromoleküle**
Dynamische Biochemie, Teil I

EBERHARD TEUSCHER
**Pharmakognosie,** Teil I und II

D. TER HAAR
**Quantentheorie.** Einführung und Originaltexte

HARRY PFEIFER
**Halbleiterelektronik**
Elektronik für den Physiker VI

SIEGFRIED HAUPTMANN
**Über den Ablauf organisch-chemischer Reaktionen**

GERHARD HÜBNER / KLAUS JUNG / ECKART WINKLER
**Die Rolle des Wassers in biologischen Systemen**

STEPHEN G. BRUSH
**Kinetische Theorie,** Teil I und II

EBERHARD HOFMANN
**Enzyme und energieliefernde Stoffwechselreaktionen**
Dynamische Biochemie, Teil II

HERBERT GOERING
**Elementare Methoden zur Lösung von Differentialgleichungsproblemen**

PETER KRUMBIEGEL
**Isotopieeffekte**

D. M. BRINK
**Kernkräfte.** Einführung und Originaltexte

DIETER ONKEN
**Steroide**
Zur Chemie und Anwendung

HEINZ GEILER
**Ökologie der Land- und Süßwassertiere**

ARTHUR P. CRACKNELL
**Angewandte Gruppentheorie**
Einführung und Originaltexte

DIETER KLAUA
**Elementare Axiome der Mengenlehre**

EBERHARD HOFMANN
**Intermediärstoffwechsel**
Dynamische Biochemie, Teil III

GÜNTER TEMBROCK
**Grundlagen der Tierpsychologie**

J. F. VINSON
**Optische Kohärenz in der klassischen Theorie und in der Quantentheorie**

W. R. HINDMARSH
**Atomspektren.** Einführung und Originaltexte

GÜNTER TEMBROCK
**Biokommunikation**
Informationsübertragung im biologischen Bereich
Teil I und II

ADOLF ZSCHUNKE
**Kernmagnetische Resonanzspektroskopie in der organischen Chemie**

DIETER MERKEL
**Riechstoffe**

JOHN CUNNINGHAM
**Vektoren**

FERDINAND CAP
**Einführung in die Plasmaphysik**
III. Magnetohydrodynamik

EBERHARD HOFMANN
**Grundlagen der Molekularbiologie und Regulation des Zellstoffwechsels**
Dynamische Biochemie, Teil IV

GEORG DAUTCOURT
**Relativistische Astrophysik**

*Vorschau auf die nächsten Bände:*

FERDINAND CAP
**Einführung in die Plasmaphysik**
II. Wellen und Instabilitäten

ERNST SCHMUTZER
**Symmetrien und Erhaltungssätze der Physik**

WTB

BAND 86

*Georg Dautcourt*

# Relativistische Astrophysik

Mit 9 Abbildungen und 5 Tabellen

AKADEMIE-VERLAG · BERLIN

PERGAMON PRESS · OXFORD

VIEWEG + SOHN · BRAUNSCHWEIG

*Reihe* MATHEMATIK PHYSIK



Verfasser:
*Dr. habil. Georg Dautcourt*

ISBN 3 528 06086 7

1972

Lizenznummer: 202 · 100/436/72
Herstellung: VEB Druckhaus „Maxim Gorki", 74 Altenburg
Bestellnummer: Akademie-Verlag 7086 · ES 18 B 1/18 D 4
EDV 7615117
Pergamon Press 08 017279 2
Vieweg + Sohn 6086
Printed in German Democratic Republic

# Vorwort

Die Bedeutung hochenergetischer und relativistischer Prozesse für die Astrophysik ist durch die zahlreichen Entdeckungen der letzten Jahre stark gewachsen. Zu den Entdeckungen gehören Pulsare, Quasare, explosive Phänomene in Galaxien, die kosmische Mikrowellen-Hintergrundsstrahlung, Röntgen- und Gamma-Strahlungsquellen und allem Anschein nach auch kosmische Gravitationsstrahlung. Das vorliegende Taschenbuch gibt eine kurzgefaßte Übersicht unter Betonung der kosmologischen Aspekte der neuen Entdeckungen. Neben einer knappen Zusammenfassung des Beobachtungsmaterials werden einfache Modellvorstellungen besprochen. Zwei Anhänge vertiefen die theoretischen Grundlagen.

## Inhaltsverzeichnis

# I. Relativistische Prozesse in der Galaxis

## 1. Supernovae

Supernovae (SN) stellen — sofern sie in unserer Galaxis auftreten — ein schon den Astronomen früherer Jahrhunderte bekanntes auffälliges Phänomen dar. Mit einem Energieumsatz von $10^{50}$ erg oder mehr bilden sie die *heftigsten explosiven Erscheinungen* in der Galaxis und besitzen — nur in kleinerem Maßstab — ähnliche Eigenschaften wie die im Kern von Galaxien und Quasaren auftretenden Explosionen. Mit Sicherheit können drei galaktische SN nachgewiesen werden, die im Jahre 1054 explodierte, in alten chinesischen Chroniken verzeichnete SN, deren Überreste den heutigen Krebsnebel bilden, und die SN von Tycho Brahe (1572) und Kepler (1604). Die ständige Suche und Beobachtung von SN in anderen Galaxien ist ein Routineprogramm großer Schmidtspiegel.

SN lassen sich auf Grund ihrer Lichtkurven in zwei Typen (nach Zwicky in noch engere Klassen) einstufen. SN vom Typ I, die in allen Galaxien auftreten und zu denen auch die drei historischen SN gehören, zeigen in der photographischen Spektralregion (3800—5200 Å) nach dem innerhalb weniger Tage erreichten Maximum mit einer Emission von $10^{43}$ erg $s^{-1}$ einen Abfall in 20—30 Tagen um 2—3 Größenklassen, während der weitere Abfall exponentiell (mit einer Zeitkonstanten von 40—80 Tagen) erfolgt. Die Spektren von SN sind in gleichen Phasen ähnlich und zeigen breite Banden in Emission oder Absorption.

SN vom Typ II mit etwa gleichen oder etwas schwächeren maximalen Helligkeitsamplituden werden in Systemen mit jungen Sternpopulationen beobachtet. Ihre

Lichtkurven unterscheiden sich wesentlich voneinander und zeigen einen schnelleren Abfall als diejenigen des Typs I. Die großen Linienbreiten deuten auf Expansionsgeschwindigkeiten der Wasserstoffhülle von $10^3$—$10^4$ km/s hin. Während SN vom Typ I nur geringe Massen ausschleudern ($\lesssim 1\ M_\odot$), wird allgemein angenommen, daß bei SN II-Typen, deren Prä-Supernova-Sterne massereich ($\gtrsim 5\ M_\odot$) sind, einige Sonnenmassen $M_\odot = 2 \cdot 10^{33}$ g beim Ausbruch abgestoßen werden. Die Angaben über die Häufigkeit von SN-Ausbrüchen in Galaxien schwanken. Nach MINKOWSKI tritt im Mittel eine SN vom Typ I alle 450 Jahre auf; SN vom Typ II sind vermutlich häufiger (1 SN/50 Jahre).

Explosive Vorgänge von der Art der SN können als Folge *dynamischer Instabilitäten in bestimmten Phasen der Sternentwicklung* auftreten. Dynamische Stabilität ist vorhanden, wenn bei kleinen (radialen) Störungen der Dichteverteilung und anderer, den Sternaufbau kennzeichnender Größen die Amplituden der Störungen beschränkt bleiben, d. h. wenn nur Pulsationen $\xi \sim e^{i\omega t}$ (mit im Laufe der Zeit abklingenden Amplituden $\xi$) auftreten. Ihre Frequenz ist durch

$$\omega^2 = -\int\limits_0^R 4\pi r^3 \xi \, \mathrm{d}r \frac{\mathrm{d}}{\mathrm{d}r} \left[(3\Gamma - 4)\right] \Big/ \int\limits_0^R \xi r^2 \, \mathrm{d}m \qquad (1)$$

gegeben, wobei $\xi$ die Amplitude und $\Gamma$ das Verhältnis der spezifischen Wärmen bei konstantem Druck und konstantem Volumen ist. $\omega^2$ ist im Falle der Stabilität positiv, d. h. $\Gamma > 4/3$. Für $\Gamma < 4/3$ wird $\omega$ dagegen imaginär, der Stern wird *dynamisch instabil.* Bedingungen für $\Gamma < 4/3$ treten in Endphasen der Sternentwicklung auf, wenn die nuklearen Energiequellen im Kern des Sterns erschöpft sind. Ein Eisenkern ist z. B. instabil gegenüber Dissoziation in Helium, wenn die Temperatur Werte von $T = 6 \cdot 10^9$ K erreicht und die Zentraldichten zwischen $10^7$ und $10^8$ g cm$^{-3}$ liegen. Bei diesem Phasenübergang wird ein erheblicher Teil der thermischen Energie zur Dissoziation benötigt, der Druck reduziert sich, und es tritt ein Gravitationskollaps ein. Die weitere Entwicklung des Sterns haben COLGATE und WHITE durch detaillierte numerische Integration der hydrodynamischen Gleichungen zu verfolgen gesucht. Danach kollabiert der Hauptteil der Sternmasse im freien Fall, bis Kerndichten erreicht werden. Bei den auftretenden hohen Dichten werden die Elektronen in die Kerne gedrängt, es entstehen neutronenreiche Kerne und schließlich ein (entartetes) Neutronengas. Über Reaktionen wie $n + n \rightarrow p + \bar{\nu}_e + e^- + n$, $p + e^- \rightarrow n + \nu_e$ werden energiereiche (Elektronen-)Neutrinos und Antineutrinos frei, die einen Teil der kinetischen Energie des Kollaps nach außen transportieren und durch inversen $\beta$-Zerfall Energie und Impuls an die dünne Außenschicht abgeben. Die Temperatur dieser Schicht wächst, es bildet sich eine nach außen laufende Stoßwelle, die zu dem beobachteten Supernovaphänomen führt. In dieser Stoßwelle können Partikel auf relativistische Geschwindigkeiten beschleunigt werden; damit liefert der COLGATE-Mechanismus ein Modell der Entstehung der kosmischen Strahlung (Abschnitt 3). Das Schicksal des Kerns hängt von seiner Masse ab: Liegt sie *unterhalb* einer kritischen Masse von etwa $2\,M_\odot$, so besteht die Möglichkeit, daß — nach Abklingen von Oszillationen — ein *normaler Neutronenstern* resultiert. Bei größeren Massen erfolgt — vom Standpunkt des äußeren Beobachters aus gesehen — ein *ständiger Kollaps* mit asymptotischen Erreichen der Schwarzschildsingularität („schwarzes Loch“). Neuere Rechnungen haben jedoch gezeigt, daß sehr massive Objekte ($M \gtrsim 8\,M_\odot$) nicht in der skizzierten Art explodieren können, da die Neutrinoopazität im kollabierenden Kern so hoch ist, daß die Neutrinos bereits im Kern absorbiert werden. Sie verlassen den Kern als thermische (d. h. energetisch erheblich degradierte) Teilchen und sind dann nicht mehr fähig, die äußeren Schichten zur Explosion zu veranlassen.

Da die Absterberate der Sterne (die pro Zeiteinheit berechnete Zahl der Sterne, die durch Ausbrennen ihrer verfügbaren Kernbrennstoffe am Endpunkt ihrer thermonuklearen Entwicklung angelangt sind) bedeutend höher ist als die beobachtete Zahl der SN-Explosionen, müssen *besondere Bedingungen* für das Vorliegen einer Prä-SN bestehen. Für SN vom Typ I wurden dazu u. a. auch relativ massive weiße Zwerge vorgeschlagen, die am Ende einer sehr langen ($\sim 10^{10}$ Jahre), durch langsame (verbotene) Elektronen-Einfang-Prozesse (inverse $\beta$-Zerfälle) bedingten Entwicklung instabil werden, wenn das langsam anwachsende mittlere Molekulargewicht pro Elektron, $\mu_e$, die kritische CHANDRASEKHAR-Grenze von $\mu_e^2 = 5{,}75\, M_\odot/M$ erreicht: Oberhalb der von $\mu_e$ abhängenden CHANDRASEKHAR-Grenzmasse für weiße Zwerge $M = 5{,}75\, M_\odot/\mu_e^2$ ist *kein* stabiles Gleichgewicht möglich, da der Druck der entarteten Elektronen nicht hoch genug ist, um den bei massiveren Objekten erheblichen Gravitationsgradienten zu kompensieren. Es setzt dann Kollaps mit Ergebnissen ein, die ähnlich denen der Modelle von COLGATE sind.

Die Zurückführung des SN-Phänomens auf einen „explosiven Kollaps" ist nur *eine* mögliche Erklärung; sie erfährt starke Stütze durch die Entdeckung der Pulsare und ihrer Beziehungen zu SN (s. folgenden Abschnitt).

## 2. Pulsare

Im Jahre 1967 stellten britische Radioastronomen bei der Erprobung einer neuen Antennenapparatur mit hoher Zeitauflösung ungewöhnliche kosmische Radioquellen fest, deren Signale sich mit außergewöhnlicher Präzision in gleichen Abständen wiederholten (Abb. 1). Diese „Pulsare", wie man sie nach der Publikation dieser Entdeckung im Februar 1968 bald nannte, wurden in der Folgezeit intensiv untersucht, da ihre ungewöhnlichen Eigenschaften sofort die Vermutung aufkommen ließen, daß es sich um die langgesuchten Neutronensterne handeln könnte. Die Eigenart der Signale ermöglichte eine ausgiebige Verwendung moderner elektronischer Meßmethoden. Bevor wir kurz auf die Deutung des Pulsar-Phänomens eingehen, seien einige Beobachtungsdaten zusammengestellt.

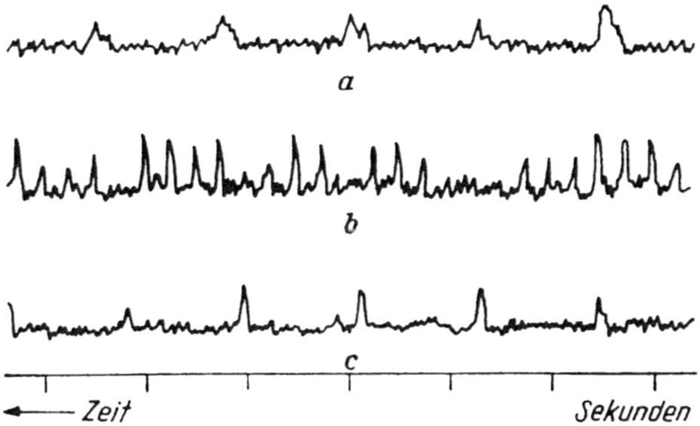


Abb. 1. Pulse von CP 0834 (a), CP 0950 (b), und CP 1133 (c), beobachtet mit einer Zeitauflösung von 0,03 s (Nature 218, 126, 1968).

(1) *Periode.* Die Radiosignale haben die Form regelmäßig wiederholter Impulse unterschiedlicher Amplituden (Abb. 1). Die Pulsdauer des ersten entdeckten Pulsars CP 1919 (= Cambridge Pulsar mit der Rektaszension $\alpha = 19^h\, 19^m$) beträgt $\sim 0{,}3$ s, die Wiederholungsperiode $P = 1{,}337\,301\,109$ s. Dieser Wert von $P$ ist bereits bezüglich der Erdbewegung korrigiert und bezieht sich auf den Schwerpunkt des Sonnensystems: Die Doppelverschiebung infolge einer Komponente der Erdbewegung in Richtung zum Pulsar verursacht eine Veränderung von $P$, die – je nach der Lage des Pulsars an der Sphäre – Beträge der Ordnung $10^{-4}$ s erreichen kann, d. h. einen groben Effekt bei der erreichbaren Genauigkeit ($\sim 10^{-9}$ s und besser) darstellt. Die Periode der meisten Pulsare wächst sehr langsam an (Tab. 1). Die hohe Genauigkeit erlaubt es, die allgemein-relativistischen Frequenzverschiebungen (von der Ordnung einiger $10^{-9}$ s) als Folge des jährlichen Durchlaufens unterschiedlicher solarer Gravitationsfelder zu messen. Ein merkwürdiger Effekt wurde beim Krebs-

pulsar NP 0532 und beim Pulsar PSR 0833-45 (-45 bezeichnet die Deklination in Grad) festgestellt: Innerhalb eines auf wenige Tage einschränkbaren Zeitraums verkürzte sich die Periode bei 0833-45 ($P = 0{,}089$ s) sprunghaft um $196 \cdot 10^{-9}$ s, während sich die Zuwachsrate der Periode ($\dot{P}$) nicht meßbar änderte. — Pulsarperioden werden nur bis zu einigen Sekunden beobachtet; dieser Effekt ist etwa verständlich, wenn — wie es Beobachtungen andeuten — lange Perioden mit geringen Pulsarhelligkeiten verknüpft sind.

*Tabelle 1.* Pulsarparameter. Die Perioden beziehen sich auf den Schwerpunkt des Sonnensystems.
a) April 1, 1968
b) November 15, 1968

| | Periode $P$ [sek] | $\dot{P}$ [$10^{-15}$ s$^{-1}$] | $P_2$ [s] | $P_3$ [s] | Dispersionsmaß $\int n_e dl$ [cm$^{-3}$pc] | mittlerer Energiestrom pro Puls [$10^{-23}$ erg cm$^{-2}$ Hz$^{-1}$] |
|---|---|---|---|---|---|---|
| CP 0834 | 1,2737631515 [a] | 5,0 ± 0,8 [a] | 0,11 | 2,74 | 12,86 | 0,002 |
| CP 0950 | 0,2530650372 [a] | 0,3 ± 0,1 [a] | | | 2,97 | 0,006 |
| CP 1133 | 1,1879109795 [a] | 4,1 ± 0,5 [a] | | | 4,85 | 0,020 |
| CP 1919 | 1,337301109 [a] | 1,1 ± 0,5 [a] | 0,0155 | 5,9 | 12,43 | 0,0013 |
| NP 0532 | 0,03309114 [b] | 350 | | | 57 | |

(2) *Frequenzdrift.* Die Pulse treffen für unterschiedliche Frequenzen zu verschiedenen Zeiten ein; der gleiche Impuls erscheint um so später, je niedriger die Frequenz ist. Dieser Effekt ist als Dispersionseffekt erklärbar: Die Laufgeschwindigkeit der Signale im ionisierten interstellaren Medium hängt von der Frequenz ab. Umgekehrt kann die gemessene Frequenzdrift $\frac{1}{\nu}\frac{d\nu}{dt} = -c\,(\nu/\nu_p)^2/L$ ($\nu_p = n_e e^2/\pi m_e$ die Plasmafrequenz, $L$ die Entfernung zum Pulsar) dazu benutzt werden, um Aussagen über die mittlere interstellare Elektronendichte auf dem Wege zum Pulsar und über die Pulsarentfernung zu erhalten. Die Werte des „Dis-

persionsmaßes" $\int n_e \, dl \approx n_e L$ liegen zwischen 1 und $10^2$ pc/cm³, liefern somit bei einer Dichte von einigen $10^{-2}$ Elektronen/cm³, wie sie neuere Modelle der interstellaren Materie annehmen, Entfernungen von der Ordnung einiger $10^2$—$10^3$ pc. Pulsare sind danach relativ nahe gelegene galaktische Objekte.

(3) *Pulsstruktur.* Die Form der Pulse ist von Pulsar zu Pulsar verschieden, sie variiert mit der Beobachtungsfrequenz und ändert sich zum Teil von Puls zu Puls. Dennoch läßt sich in vielen Fällen eine über viele Perioden gemittelte „stabile" Pulsstruktur feststellen, die oft einen Doppelcharakter der Pulse zeigt. Frequenzdrift und Empfängerrauschen beschränken die Zeitauflösung der Pulse, doch war es möglich, bei einer Auflösung $\lesssim 10^{-4}$ s rasche Intensitätsfluktuationen festzustellen, die die Ausdehnung der Emissionsgebiete auf lineare Durchmesser $\lesssim c \cdot 10^{-4} \approx 30$ km einschränken. Neue Beobachtungstechniken, dem „Lauf" der Pulse durch die Frequenzen durch entsprechende Änderungen der Abstimmungsfrequenzen zu folgen, erlaubten die Feststellung, daß bei einigen Pulsaren der Hauptpuls aus mehreren wieder periodisch auftretenden „Subpulsen" zusammengesetzt ist. Die Subpulse definieren so eine zweite Periode $P_2 < P_1$ (Tab. 1); zugleich zeigte sich, daß die Wiederholungsperiode der Subpulse etwas kleiner als $P_1$ (der eigentlichen Pulsarperiode) ist: in $P_3$ Sekunden steht als Folge dieses Effektes jeweils der nächste Subpuls im Zentrum des Hauptpulses.

(4) *Polarisation.* Die Pulsarstrahlung ist hochgradig linear polarisiert, die „Submillisekundenschwankungen" möglicherweise zirkular. Dabei zeigen die einzelnen Teile eines Pulses unterschiedliche, aber mit der Periode über einige Minuten hinweg reproduzierbare Polarisationswinkel. Der Betrag der durch das magnetoaktive interstellare Plasma bewirkten und wie $\nu^{-2}$ von der Frequenz abhängenden FARADAY-Rotation der Polarisationsebene wird durch das vom Beobachter zum Pulsar erstreckte Integral $\int n_e B_{\parallel} dl$ über das Produkt der interstellaren Elektronendichte und die Projektion des Magnetfeldes in Blickrichtung bestimmt. Die Messung der FARADAY-Rotation liefert so das mittlere Magnetfeld zwischen Erde und Pulsar; es wurden Werte der Ordnung einiger $10^{-6}$ Gauß gefunden.

(5) *Amplitudenvariationen.* Während die Pulse außerordentlich genau wiederholt werden, variiert die Intensität unregelmäßig über Skalen von der Ordnung Sekunden, Stunden und sogar Tage. Kurzzeitige Fluktuationen müssen wahrscheinlich als echte Fluk-

tuationen der Helligkeit der Quelle angesehen werden, kurz-*periodische* Fluktuationen sind vermutlich durch „wandernde Subpulse“ (Periode $P_2$) bedingt. Dagegen lassen sich lang-periodische Fluktuationen als Szintillation infolge Irregularitäten im interstellaren Plasma (oder auch im Plasma der unmittelbaren Pulsar-Umgebung) deuten.

(6) *Optische Emission.* Eine der bemerkenswertesten Entdeckungen war die Feststellung optischer Pulse beim Krebsnebelpulsar NP 0532, deren Periode exakt mit der Radioperiode (mit 33 ms die kürzeste bisher bekannte) übereinstimmte. Die Signale stammen von einem Stern der scheinbaren Größe 17.7 mit linienlosem optischen Kontinuum im Aktivitätszentrum des Krebsnebels, der bereits früher als Überrest des Prä-Supernovasterns und als möglicher Neutronenstern verdächtigt wurde. Im Unterschied zu den intensitätsmäßig stark variierenden Radiosignalen zeigen die optischen Signale ein hohes Maß an Stabilität: Hauptpuls und Zwischenpuls erscheinen in reproduzierbarer Form, mögliche Intensitätsschwankungen müssen kleiner als 10% sein. Die Strahlung ist polarisiert, Polarisationsgrad und Polarisationswinkel ändern sich längs eines individuellen Pulses, sind aber an gleichen Pulsstellen im Mittel reproduzierbar.

(7) *Röntgen- und Gammastrahlung.* Die Suche nach Röntgen- und Gammastrahlung war bereits für den Krebspulsar NP 0532 positiv und zeigte, daß 5 bis 15% der gesamten Röntgenstrahlung des Krebsnebels zwischen 2 und 10 keV in Form von Pulsen emittiert wird, die dieselbe Periode aufweisen wie die gleichzeitige optische und Radiostrahlung und ebenfalls zwei durch 14 ms gerennte Maxima zeigen.

(8) *Supernovae und Pulsarverteilung.* Die Identifizierung des Krebspulsars mit dem Aktivitätszentrum eines Supernova-Überrestes zeigte die enge Verbindung zwischen SN und Pulsaren. Bereits früher war durch die Entdeckung eines anderen kurzperiodischen Pulsars (PSR 0833-45, $P = 0{,}089$ s) innerhalb der als Teil eines Supernovaüberrestes interpretierten ausgedehnten Radioqulle Vela X ein solcher Zusammenhang angedeutet worden. Die Verteilung der Pulsare zeigt eine *Konzentration zur galaktischen Ebene*; dies gilt insbesondere für die weiter entfernten, damit helleren, jüngeren und somit vermutlich relativ kurzperiodischen Objekte. Mit einer aus der Annahme einer linearen Zunahme der Periode bestimmten unteren Grenze von $2 \cdot 10^5$ Jahren für das Alter eines 1,5 s-Pulsars leitet man aus der beobachteten Raum-

dichte für die Pulsar-Entstehungsrate in der galaktischen Scheibe eine obere Grenze von *einem Ereignis in 12 Jahren* ab, eine mit der beobachteten Zahl der galaktischen SN-Explosionen vom Typ II (Abschnitt 1) nicht unverträgliche Zahl.

Die Erklärung des Pulsarphänomens stellt — wohl im Unterschied zu dem in den Abschnitten 6 und 7 skizzierten Quasarproblem — eine mit gegenwärtigen physikalischen Theorien wahrscheinlich lösbare, wenn auch sehr komplexe Aufgabe dar. Die meisten Bearbeiter stimmen darin überein, daß der erforderliche „Uhrenmechanismus" sowie die Energiequelle mit den makroskopischen Bewegungen eines großen kondensierten Körpers verbunden ist, während die Einzelheiten der Strahlungsentstehung, die Pulsstruktur, die unregelmäßigen Amplitudenvariationen usw. dem Plasma in der Umgebung des Körpers zuzuschreiben sind. Die kurze Pulsdauer, der Zusammenhang mit Supernovae, die Periodenverlängerung sprechen dafür, daß es sich beim Zentralobjekt um einen rotierenden und vermutlich stark „magnetischen" Neutronenstern (Radius $\sim$10 km, Masse $\sim 1\,M_{\odot}$) handelt, dessen Rotationsperiode mit der Pulsarfrequenz identisch ist; andere periodische Bewegungen von Neutronensternen (wie Oszillationen) würden stärker gedämpft werden. Eine starke Stütze dieser Hypothese liefert beim Krebspulsar die Übereinstimmung der aus der Periodenverlängerung berechneten Dissipation von Rotationsenergie ($\sim 8 \cdot 10^{38}$ erg s$^{-1}$) mit der für die Helligkeit des Krebsnebels und die beschleunigte Expansion erforderlichen (ihrer Herkunft nach bisher völlig unerklärlich gebliebenen) Energie von $\sim 4 \cdot 10^{38}$ erg s$^{-1}$. Der „schiefe Rotator" ist ein einfaches Modell zur Erklärung der Rotationsdämpfung des Neutronensterns: Ein Neutronenstern mit starkem (Oberflächenwerte bis zu $10^{13}$ Gauß) Magnetfeld mit einer gegenüber der Rotationsachse geneigten Symmetrieachse des Magnetfeldes emittiert langwellige elektromagnetische Dipol-Strahlung mit der Pulsarfrequenz, die Rotationsenergie und Drehimpuls forttransportiert. Die Umwandlung der langwelligen

Dipolstrahlung in die beobachtete Pulsarstrahlung ist ein in Einzelheiten noch nicht geklärter komplexer Prozeß, bei dem kohärente Plasmaeffekte, die Anregung von Plasmawellen, Stoßwellen, die Erzeugung hochenergetischer Partikel usw. eine Rolle spielen dürften. Die Radiostrahlung des Pulsars könnte dann durch kohärente Plasmaprozesse bewirkt sein, während die optische Strahlung Synchrotronstrahlung beschleunigter relativistischer Elektronen sein sollte (Anhang I.1). Andere Hypothesen nehmen die Entstehung der Pulsarstrahlung an der Sternoberfläche an und deuten sie z. B. als Bremsstrahlung oder Synchrotronstrahlung in den dort vermutlich existierenden extrem hohen Magnetfeldern; eine oder mehrere aktive Regionen auf der rotierenden Oberfläche würden die Pulsstruktur erklären.

## 3. Hochenergetische kosmische Strahlung

*Indirekte* Evidenz für die Existenz verschiedener Arten hochenergetischer relativistischer Partikel besteht für zahlreiche kosmische Objekte, wie Supernova-Überreste, Quasare, Radiogalaxien, interstellare Materie usw. Die Möglichkeit eines *direkten* Studiums der primären kosmischen Strahlung mit Teilchenenergien bis zu $10^{20}$ eV in der Umgebung der Erde liefert — abgesehen von der Bedeutung für die Hochenergiephysik — eine weitere wichtige Informationsquelle, nicht nur für den Aufbau der Galaxis, sondern — verknüpft durch zahlreiche Zusammenhänge — auch für die Struktur der metagalaktischen Materie. Um der Absorption und unerwünschten Produktion von Sekundärteilchen beim Stoß der hochenergetischen Partikel mit atmosphärischen Teilchen zu entgehen, ist es nötig, die Nachweisgeräte wie Photoemulsionen, Zählapparaturen usw. in solche Höhen zu bringen, daß *nur noch wenige* g/cm$^2$ *Materie über den Detektoren lastet.* Teilchen hoher Energien ($> 10^{14}$ eV) treten selten auf; man ist dann auf das Studium der vom Primärteilchen erzeugten atmosphärischen Schauer mit Hilfe von Szintillationszählern auf dem Erdboden und der Beobachtung des von der Elektronen-Positronensäule emittierten ČERENKOV-Lichtes angewiesen. Die durch Zerfall der bei $p$-$p$-Stößen entstehenden $\pi$-Mesonen können trotz ihrer kurzen Lebensdauer ($2{,}2 \cdot 10^{-6}$ s) bei hinreichenden Energien infolge der relativistischen Zeitdilatation und ihrer schwachen Wechselwirkung mit Materie tief unter dem Erdboden, z. B. in Goldminen, nachgewiesen werden. Abgesehen vom Problem der *Sekundärteilchen* ist die Bestimmung des geladenen primären galaktischen Teilchenstromes erschwert durch *ablenkende Magnetfelder*, wie das irdische Magnetfeld und das mit dem Sonnenwind assoziierte und vom Sonnenzyklus abhängende interplanetare Magnetfeld; bei niedrigen Teilchenenergien spielen Teilchen solaren Ursprungs eine Rolle. Für Energien oberhalb $10^9$ eV ist jedoch die solare Modulation vernachlässigbar.

Das differentielle Teilchenspektrum kann für einzelne Energiebereiche durch ein *Potenzgesetz* dargestellt werden: $n(\varepsilon) = K\varepsilon^{-p}$ Teilchen $\mathrm{cm^{-3}\ ster^{-1}\ GeV^{-1}}$ mit dem Spektralindex $p = 2{,}6$ für $\varepsilon < 10^{16}$ eV, $p \approx 3{,}1$ für $10^{16} < \varepsilon < 10^{18}$ eV und wieder $p \approx 2{,}6$ für $\varepsilon > 10^{18}$ eV, mit einigen Unsicherheiten hinsichtlich der Änderung von $p$ bei $10^{18}$ eV, die gewöhnlich dem Übergang zu extragalaktischen Partikeln zugeschrieben wird. Für $\varepsilon > 10^{15}$ eV ist $K \approx \dfrac{1{,}7 \cdot 10^3}{c}$. Die starke Energieabhängigkeit bewirkt, daß der Hauptanteil der Energiedichte von etwa 1 eV $\mathrm{cm^{-3}}$ durch Teilchen mit $\varepsilon < 10^{10}$ eV geliefert wird. Merkliche Anisotropie wurde bei hochenergetischen Partikeln nicht gefunden. Dies bedeutet, daß Isotropie für $\varepsilon < 10^{16}$ eV auf 0,1%, zwischen $10^{16}$ und $10^{18}$ eV auf 1% und für noch höhere Energien auf ~10% gesichert ist. Dieses Ergebnis ist verständlich in Hinblick auf die Wechselwirkung mit interstellaren Plasmawellen verschiedener Art, die eine Isotropisierung der kosmischen Strahlung bewirken.

Die *chemische Zusammensetzung*, die nur für Teilchenenergien unterhalb $10^{13}$ eV zuverlässig bekannt ist, entspricht nicht ganz der z. B. aus der Analyse von Sternspektren gewonnenen kosmischen Elementverteilung (Tab. 2). Wie dort überwiegen Protonen weitaus; jedoch sind leichte Kerne wie Lithium, Bor, Beryllium und das Heliumisotop $He^3$ ebenso wie Kerne mit Ladungszahlen $Z > 20$ relativ zu Kohlenstoff, Stickstoff und Sauerstoff erheblich im Überschuß vorhanden. Über das Vorkommen schwerer Elemente oberhalb der Eisengruppe ist wenig bekannt, obwohl gerade die Zusammensetzung im Bereiche hoher Atomgewichte Hinweise auf den Ursprung der Strahlung (z. B. in Supernova-Explosionen) geben könnte.

*Tabelle 2.* Chemische Zusammensetzung der kosmischen Strahlung nach [5].

| Teilchengruppe | Kernladungszahl $Z$ | Mittleres Atomgewicht $\bar{A}$ | Zahl der Teilchen mit Energien größer 2,5 GeV/Nukleon in $m^{-2}$ $ster^{-1}$ $s^{-1}$ | Entsprechende Nukleonenzahl im Teilchenstrom | Andere Bestimmungen der kosmischen Elementverteilung | |
|---|---|---|---|---|---|---|
| Protonen ($p$) | 1 | 1 | 1300 ± 100 | 1300 | 3360 | 6830 |
| α-Teilchen ($He^3$, $He^4$) | 2 | 4 | 94 ± 4 | 376 | 258 | 1040 |
| Leichte Kerne (Li, Be, B) | 3 – 5 | 10 | 2,0 ± 0,3 | 20 | $10^{-5}$ | $10^{-5}$ |
| Mittelschwere Kerne (C, N, O, F) | 6 – 9 | 14 | 6,7 ± 0,3 | 94 | 2,64 | 10,1 |
| Schwere Kerne | ≧ 10 | 31 | 2,0 ± 0,3 | 62 | 1 | 1 |
| Sehr schwere Kerne | ≧ 20 | 51 | 0,5 ± 0,2 | 25 | 0,06 | 0,05 |

Die chemische Zusammensetzung, so wie sie bekannt ist, läßt bereits wichtige Schlüsse zu: Leichte Kerne können als Spaltprodukte schwerer Kerne bei Stößen mit der interstellaren Materie entstehen: Ihre beobachtete Konzentration wird erklärt, wenn die mittlere Dichte der über eine Weglänge $l$ durchlaufenen Materie von der Ordnung

3 g cm$^{-3}$ (mit einem Unsicherheitsfaktor 2) ist. Mit einer Teilchendichte von 2 Teilchen/cm$^{-3}$ in der galaktischen Scheibe folgt $l \approx 10^{24}$ cm $\approx 300$ kpc und eine Laufzeit von $\mathfrak{T} \approx 10^6$ Jahren. Bei einem Halo-Ursprung der Partikel kann dieser Wert wegen der verringerten Dichte um 2 Zehnerpotenzen höher liegen, noch größere Lebenszeiten würden sich bei einem extragalaktischen Ursprung ergeben. Die in der unbekannten Dichte liegende Unsicherheit wird bei der „Beryllium-Uhr" vermieden, da die relative Konzentration $Be^{10}/B$ bzw. $Be^{10}/Li$ des instabilen $Be^{10}$-Isotops im wesentlichen durch dessen Zerfallszeit ($\sim 4 \cdot 10^6$ Jahre) bedingt ist. Erste Messungen und Rechnungen ergaben $\mathfrak{T} < 10^7$ Jahre, legen also den Scheibenursprung nahe. Der Vergleich mit dem charakteristischen Radius der Galaxis ($R \approx 15$ kpc $\approx 5 \cdot 10^{22}$ cm), der Dicke der galaktischen Scheibe ($4 \cdot 10^{20}$ cm), dem Sonnenabstand vom Zentrum ($\approx 10$ kpc $\approx 3 \cdot 10^{22}$ cm) und dem Gyrationsradius $r$ eines ultrarelativistischen Teilchens der Ladung $Ze$ im Magnetfeld $H$,

$$r = \frac{\varepsilon}{eZH} \approx \frac{3 \cdot 10^3 \varepsilon}{Z(H/10^{-6})} \text{ [cm; } \varepsilon \text{ in eV, } H \text{ in Gauß]}, \qquad (3.1)$$

zeigt, daß für ein parallel zu den galaktischen Spiralarmen liegendes Magnetfeld der Stärke $H \approx 10^{-6}$ Gauß die Teilchen — abgesehen von den höchstenergetischen — noch tief in der galaktischen Scheibe eingebettet kreisen. In Hinblick darauf ist die kurze Lebensdauer erstaunlich, da Energieverluste durch Ionisation bzw. Kernprozesse (Anhang I.4) oder durch Emission von Synchrotronstrahlung (Anhang I.2) bei hohen Teilchenenergien vernachlässigbar sind. Eine Erklärung liefert die *stochastische Natur des galaktischen Magnetfeldes*, die bewirkt, daß Teilchendiffusion normal zum mittleren Magnetfeld auftritt. Die Lebenszeit der Partikel ist dann durch ihre Diffusion aus dem galaktischen Magnetfeld und damit aus der Galaxis bestimmt.

Hinweise auf die *säkulare Konstanz* der kosmischen

Strahlung ergeben sich z. B. aus den Aufschlagspuren kosmischer Partikel an Meteoriten, die zeigen, daß der Teilchenstrom von Elementen der Eisengruppe in den letzten 10—150 Millionen Jahren innerhalb eines Faktors 2 konstant geblieben ist.

Die Frage, *wie* kosmische Partikel auf so hohe Energien gebracht werden können, läßt sich noch nicht eindeutig beantworten. Statistische Beschleunigungsmechanismen nehmen an, daß Teilchen durch elektromagnetische Kräfte in bestimmten Abständen stoßweise beschleunigt werden, z. B., wie von FERMI vorgeschlagen wurde, durch Reflexion an bewegten Plasma-Wolken. Formal läßt sich ein solcher Mechanismus durch eine Funktion $\Psi(\varepsilon, \Delta\varepsilon)\, \mathrm{d}(\Delta\varepsilon)$ beschreiben, die die Wahrscheinlichkeit dafür angibt, daß für ein Teilchen mit der Energie $\varepsilon$ zur Zeit $t$ zu einem etwas späteren Zeitpunkt $t + \Delta t$ eine Energieänderung $\Delta\varepsilon$ eintritt. Dieser Ansatz führt zu einer FOKKER-PLANCK-Gleichung für die Verteilungsfunktion $n(\varepsilon, t)$ der Partikel:

$$\frac{\partial n}{\partial t} + \frac{\partial}{\partial \varepsilon}(n b) - \frac{1}{2}\frac{\partial^2}{\partial \varepsilon^2}(n D) = Q(\varepsilon, x^i) - \frac{n}{T} \tag{3.2}$$

mit den Koeffizienten

$$b = \frac{\langle \Delta\varepsilon \rangle}{\Delta t} = \int \Delta\varepsilon\, \Psi\, \mathrm{d}(\Delta\varepsilon)/\Delta t, \tag{3.3}$$

$$D = \langle \Delta\varepsilon^2 \rangle / \Delta t = \int (\Delta\varepsilon)^2\, \Psi\, \mathrm{d}(\Delta\varepsilon)/\Delta t. \tag{3.4}$$

Der Vollständigkeit halber wurde in (3.2) ein Term $Q$ hinzugefügt, der eine etwa von Supernovae oder „flare"-Sternen herrührende Injektion von relativistischen Teilchen beschreibt, sowie eine Verlustrate $n/T$ infolge Diffusion aus der Galaxis. Bei einem FERMI-*Mechanismus*, in dem die Teilchenbeschleunigungen durch „Stöße" mit Plasma-Wolken der Geschwindigkeit $V_0$ und mittlerem Abstand $l$ erfolgen, gilt

$$b = \alpha_1 \varepsilon, \quad D = \alpha_1 \varepsilon^2/3, \quad \alpha_1 = \frac{2c}{l}\left(\frac{V_0}{c}\right)^2. \tag{3.5}$$

Aus (3.2) folgt mit $Q = 0$ ein Gleichgewichtsspektrum $n \sim \varepsilon^{-p}$, dessen „Erneuerungszeit" $\mathfrak{T}$ mit Werten von $l \approx 6 \cdot 10^{19}$ cm, $V_0 \approx 10^7$ cm/s, $p = 2{,}6$ durch

$$\mathfrak{T} = \frac{3}{\alpha_1 (p^2 - 1)} \approx 10^8 \text{ Jahre} \tag{3.6}$$

gegeben ist. Da die Lebenszeit eines relativistischen Teilchens vermutlich wesentlich kürzer ist, kann geschlossen werden, daß andere Mechanismen wirksam sind oder daß möglicherweise Beschleunigungen vom FERMI-Typ im Kern der Galaxis bei höheren Dichten und Magnetfeldern stattfinden. Wahrscheinlicher ist eine Teilchenbeschleunigung durch einen *Stoßwellen-Mechanismus*, insbesondere in Zusammenhang mit Supernova-Explosionen. Bei einer Häufigkeit von einer Supernova in 50 Jahren mit $\sim 10^{50}$ erg Energieumsatz läßt sich die beobachtete Energiedichte von ca. $2 \cdot 10^{-12}$ erg cm$^{-3}$ erklären. Noch interessanter ist die Möglichkeit, daß in der äußeren Magnetosphäre der als schief rotierende Neutronensterne angesehenen Pulsare Teilchenbeschleunigungen stattfinden. Die Einzelheiten eines solchen vermutlich sehr komplexen Prozesses, dessen Energiequelle die Rotationsenergie des Neutronensternes ist, bleiben noch zu untersuchen.

Seit 1961 ist bekannt, daß auch *Elektronen* sowie Positronen in der kosmischen Strahlung auftreten, deren Energie von einigen MeV bis zu mehreren Hundert GeV reicht. Die Elektronen tragen nur wenige Prozent zur Gesamtenergie der kosmischen Strahlung bei, sind aber astrophysikalisch von erheblicher Bedeutung. Infolge des größeren Ladung-zu-Masse-Verhältnises sind die *Strahlungsverluste* durch den inversen COMPTON-Effekt, durch Brems- und Synchrotronstrahlung *weitaus höher* als bei Protonen, so daß sich die geringere galaktische Konzentration der Elektronen allein durch effektivere Verlustmechanismen (wahrscheinlich bereits im Prozeß der Beschleunigung) erklärt. Messungen von niederenergetischen (MeV-) Elektronen im interplanetaren Raum, in dem sich selektive

Verluste noch nicht bemerkbar machen, ergaben eine Übereinstimmung mit Protonen des gleichen $\gamma$-Wertes ($\gamma = \varepsilon/\mathrm{mc}^2$) hinsichtlich Teilchendichte und Spektralindex, so daß die Hypothese einer Ladungsneutralität der kosmischen Strahlung naheliegt. Die Positronenkomponente der kosmischen Strahlung ist bei Energien von 5 MeV noch gleich der Elektronenkomponente, während bei 5 GeV (dem zur galaktischen Radiostrahlung wesentlich beitragenden Energiebereich) der Elektronenanteil 95% erreicht. Diese Zahlen lassen darauf schließen, daß die Elektronen *primären Ursprungs* sind, d. h. wie Protonen und Kerne durch irgendwelche Beschleunigungsmechanismen auf relativistische Geschwindigkeiten gebracht wurden; im Falle eines sekundären Ursprungs als Folge der Wechselwirkungen von Primärteilchen (Zerfall nach dem Schema $\pi^\pm \to \mu^\pm \to e^\pm$) sollten Positronen und Elektronen in vergleichbaren Mengen auftreten (genauere Abschätzungen sagen einen Positronen-Überschuß voraus). Bemerkenswert an der Energieverteilung der Elektronen ist die Darstellbarkeit durch einen *einzigen Spektralindex* $p$ im ganzen Energiebereich zwischen 3 bis 300 GeV:

$$n(\varepsilon) = K\varepsilon^{-p} = \frac{1{,}26 \cdot 10^{-2}}{c}\, \varepsilon^{-2{,}62 \pm 0{,}05} \tag{3.7}$$

[Elektronen (cm³ ster GeV)⁻¹].

Für niedrigere Energien flacht sich das Spektrum graduell bis zu einem Spektralindex von 1,3 für einige $10^2$ MeV ab. Für eine elementare Diskussion dieses Beobachtungsbefundes kann die Transportgleichung (3.2) mit $D = 0$ und einer Energieverlustrate $-\dfrac{\mathrm{d}\varepsilon}{\mathrm{d}t} = A + B\varepsilon + C\varepsilon^2$, die Ionisationsverluste ($A$), Diffusion aus der galaktischen Ebene ($B$) sowie Verluste durch inversen COMPTON-Effekt und Strahlungsverluste ($C$) berücksichtigt (Anhang II.1, 2), sowie einer spektralen Injektionsrate $Q = Q_0\varepsilon^{-p}$ benutzt werden. Im Gleichgewichtsfall $\partial n/\partial t = 0$ lautet das resultierende Spektrum

$$n = \frac{q_0}{(p-1)}\, \varepsilon^{-p+1}\, (A + B\varepsilon + C\varepsilon^2)^{-1}, \qquad (3.8)$$

das in Abhängigkeit vom Energiebereich unterschiedliche effektive Spektralindizes aufweist. Da die Ionisationsverluste nur für niedrige Energien wichtig sind, bleibt zu entscheiden, ob Diffusionsverluste (Modell I) oder Strahlungsverluste (Modell II) das Spektrum (3.8) bestimmen, d. h., ob der Spektralindex in (3.8) gleich dem Index $p$ des Injektionsspektrums ist oder einen gegenüber $p$ um 1 erhöhten Wert besitzt. Die effektive Lebensdauer gegenüber Energieverlust durch inversen COMPTON-Effekt an 3-K-Photonen[1]) beträgt $\tau_r = \frac{1}{C\varepsilon} \approx 4{,}5 \cdot 10^8/\varepsilon$ Jahre ($\varepsilon$ in GeV). Im Modell I darf daher die Diffusionslebensdauer $\tau_d = 1/B$ die (kürzeste) Strahlungslebensdauer für Teilchenenergien von 300 GeV, $\tau_r \approx 10^6$ Jahre, nicht übersteigen, da sonst ein Bruch im Elektronenspektrum zu beobachten wäre[2]). Im Modell II muß aus gleichen Gründen die Diffusionslebensdauer unter einem bei $\varepsilon \approx 3$ bis 4 GeV berechneten Wert der Strahlungslebensdauer von etwa $10^8$ Jahren liegen. Sofern nicht noch ein intensives galaktisches Strahlungsfeld existiert, wie die von SHIVANANDAN, HOUCK und HARVIT vermutete Mikrowellenstrahlung zwischen 0,4 und 1,3 mm (vgl. Abschnitt 5), scheint das erste Modell mit Diffusionslebensdauer von

---

[1]) In erster Näherung ist die Synchrotron-Emission bei den niedrigen galaktischen Magnetfeldern von wenigen $10^{-6}$ Gauß, wie sie aus FARADAY-Rotationen der Pulsar-Strahlung und aus der ZEEMANN-Aufspaltung der 21-cm-Linie des interstellaren Wasserstoffs abgeleitet wurden, gegenüber dem 2.7-K-COMPTON-Effekt zu vernachlässigen.

[2]) Neuere, bis zu 700 GeV ausgedehnte Messungen scheinen in der Tat zu zeigen, daß sich der Spektralindex oberhalb von 200 GeV vergrößert.

$\sim 10^6$ Jahren und einem mit dem Injektionsindex übereinstimmenden Spektralindex am wahrscheinlichsten zu sein. Die Abflachung des Spektrums für niedrige Energien wäre dann direkt auf die Besonderheiten des Beschleunigungsmechanismus für Elektronen zurückzuführen, ebenso wie die gegenüber Protonen im gleichen Energiebereich um einen Faktor $10^3$ geringeren Intensitäten.

## 4. Röntgen- und Gammastrahlung

Während zunächst erfolglos seit Beginn der Fünfzigerjahre mit der Suche nach kosmischer Gammastrahlung (Teilchenenergien $\gtrsim 1$ MeV) begonnen wurde, nahm die Entwicklung der Röntgen-Astronomie seit 1962 mit der ersten Entdeckung einer stellaren Röntgenquelle einen kaum voraussehbaren Aufschwung. Da die Erdatmosphäre im ultravioletten, Röntgen- und Gammabereich stark absorbiert, müssen die Beobachtungen extraterrestrisch mit Hilfe von Ballons, Raketen, Satelliten oder Sonden ausgeführt werden, wobei — abgesehen von der Beschränkung der Nutzlast und damit der experimentellen Möglichkeiten — Stabilisierungs- und Telemetrisierungsprobleme zu lösen sind. Die geringen Teilchenströme ($\sim 30$ Photonen/(cm$^2$ s ster) für starke Quellen im 1—10-keV-Bereich, etwa 1—2 Größenordnungen darunter für die diffuse Strahlung und schwache Quellen, Teilchenströme $\sim 10^{-5}$ Photonen/(cm$^2$ s ster) für Gammaquanten mit $\varepsilon \gtrsim 50$ MeV) erfordern insbesondere bei hohen Energien lange Integrationszeiten. Ballon-Beobachtungen in großen Höhen (30 km) über einige Stunden werden für den Röntgen-Hochenergie-Bereich 15 bis 200 keV sowie zur Messung der $\gamma$-Strahlung eingesetzt, während Raketenmessungen (mit nur wenigen Minuten effektiver Beobachtungszeit) für niederenergetische Röntgenstrahlung im Bereich 1—10 keV in Frage kommen.

Ein typisches Detektorsystem besteht aus einem Kollimator für Röntgenquanten aus einem Winkelbereich von $^1/_2$ bis 1° und einem geeigneten, auf dem lichtelektrischen Effekt beruhenden Detektor in Abhängigkeit vom Energiebereich, wie für weiche Röntgenstrahlen (1—10 keV) Geigerzähler oder Proportionalitätszähler (mit der für die spektrale Auflösung wichtigen Eigenschaft einer maximalen Ergiebigkeit bei unterschiedlichen Wellenlängen). Szintillationszähler werden für Energien $h\nu > 10$ keV (z. B. in Ballonexperimenten) benutzt. Die künftige Entwicklung tendiert in Richtung der Röntgenstrahlteleskope mit fokussierender Optik; außerdem sind neben höherer spektraler und Winkelauflösung sowie gesteigerter Empfindlichkeit für die Theorie wichtige Polarisationsmessungen zu erwarten. Im Bereiche der harten Gammastrahlung (10 MeV bis 10 GeV) läßt sich das bei der Wechselwirkung des Gammaquants mit Materie (z. B. einer Bleischicht) entstehende Elektron-Positron-Paar etwa in Kernemulsionen oder mit Hilfe von Funkenkammern feststellen. Ultraharte Gammaquanten mit $\varepsilon \gtrsim 10^{11}$ eV werden wie hochenergetische Partikel der kosmischen Strahlung mit Hilfe der von Primärteilchen erzeugten Luftschauer entweder durch Beobachtung des Čerenkov-Lichtes oder vermittels über ein größeres Gebiet ($\sim 10^5$ m$^2$ beim Bolivianischen Luftschauer-Laboratorium) verteilter Szintillationszähler nachgewiesen, wobei eine niedrige Anzahl von $\mu$-Mesonen anzeigt, daß der Schauer durch einen elektromagnetischen Prozeß statt durch Kernwechselwirkungen verursacht wurde.

Die Entdeckung von diskreten Quellen der Röntgenstrahlung kam überraschend, da aus der Empfindlichkeitsschwelle der Detektoren geschlossen werden konnte, daß galaktische Quellen Energien im Bereiche $10^{35}$ bis $10^{37}$ erg/s emittieren müssen, um entdeckbar zu sein. Diese Werte übersteigen die Energieabstrahlung normaler Sterne wie der Sonne um einen Faktor $10^3$, so daß es sich bei den gefundenen Quellen um reine Röntgenobjekte handeln muß, die vermutlich den überwiegenden Teil ihrer Strahlung im Röntgenbereich 1—10 keV emittieren. Von diesen

Objekten, die mit der Sternbildbezeichnung, dem Symbol XR und einer laufenden Nummer gekennzeichnet werden (Sco XR-1, Tau XR-1 usw.), waren Ende 1969 bereits über 40 bekannt. Sie zeigen eine deutliche Korrelation zur galaktischen Ebene und sind offensichtlich galaktischen Ursprungs. Identifizierungen scheinen entweder mit Supernova-Überresten (Tau XR-1 ist eine mit dem optischen Emissionsgebiet des Krebsnebels etwa zusammenfallende Quelle, Cas XR-1 ist identisch mit dem Supernova-Überrest Cas A, eine sehr intensive Radioquelle) oder mit ungewöhnlichen sternartigen Objekten (Sco XR-1) möglich zu sein. Die Strahlung läßt sich entweder — wie wahrscheinlich beim Krebsnebel — als Synchrotronstrahlung energiereicher (GeV-)Elektronen verstehen oder könnte die Bremsstrahlung eines heißen, optisch dünnen Gases (für Sco XR-1: $T \approx 10^7$ K) sein, je nachdem, ob die Intensität durch ein Potenzgesetz dargestellt werden kann oder einen schnelleren exponentiellen Abfall gemäß $\sim \exp(-h\nu/kT)$ zeigt. Die beobachteten Intensitätsschwankungen der Röntgenstrahlung (sowie der optischen Strahlung assoziierter sternartiger Objekte) bei einigen Quellen im Verlaufe von Monaten — bei dem „Röntgenstern" CygX-1 mit möglichen Perioden unterhalb einer Sekunde — deuten auf rasch ablaufende Prozesse hin.

In Hinblick auf die gegenüber optischen Detektoren relativ geringere Empfindlichkeit der Röntgen-Empfangsapparaturen waren zunächst auch extragalaktische Röntgenquellen kaum zu erwarten. Jedoch wurde die Radiogalaxie Virgo A (= M 87, Entfernung 11 Mpc) als erste im weichen Röntgenlicht beobachtet. Ihre Röntgenemission übersteigt ihre (mit $4{,}7 \cdot 10^{41}$ erg s$^{-1}$ nur relativ geringe) totale Radioemission um einen Faktor 70. Andere extragalaktische Röntgenquellen sind die Galaxie NGC 5128, der Quasar 3C 273 sowie der Coma- und Perseus-Haufen von Galaxien. Die Röntgenstrahlung aus der Richtung der großen Magellanischen Wolke entspricht einer Emissionsrate von $4 \cdot 10^{38}$ erg s$^{-1}$, d. h. einer größeren Zahl galaktischer Quellen.

Von besonderem kosmologischen Interesse ist die Entdeckung eines nichtauflösbaren, diffusen und im Rahmen der Beobachtungsgenauigkeit im allgemeine isotropen Röntgen-Hintergrundes im gesamten Spektralbereich von 0,2 keV bis 1 MeV (Abb. 2). Am weichen Ende dieses Bereiches besteht eine Anisotropie und Antikorrelation der Strahlung zur galaktischen Ebene, die jedoch als inter-

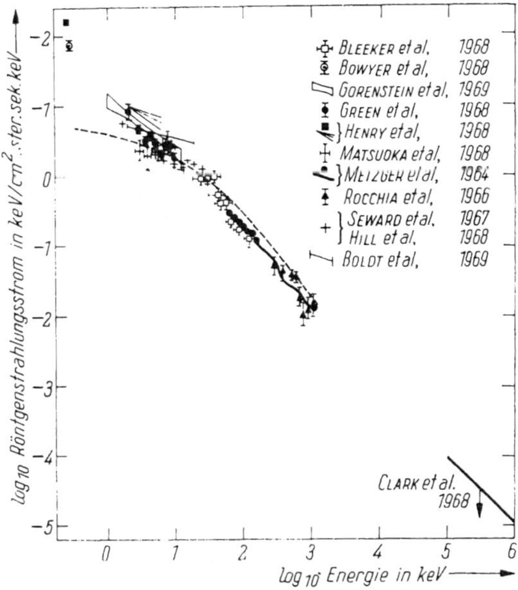


Abb. 2. Beobachtungen der diffusen Röntgenstrahlung. Die gestrichelte Linie entspricht einem Modell von SILK und MCCRAY. (Astrophys. Lett. **3**, 59, 1969).

stellare Absorption isotroper extragalaktischer Hintergrundsstrahlung gedeutet werden kann. Die Absorption weicher Röntgenstrahlung ist eine Folge der Photoionisierung der interstellaren Materie (s. Anhang I.4). Eine Berücksichtigung dieses Effektes gibt mit (aus 21-cm-Daten abgeleiteten) Werten zwischen $2 \cdot 10^{20}$ cm$^{-2}$ und

$10^{22}$ cm$^{-2}$ für die längs der Gesichtslinie integrierte Wasserstoffdichte $\int n_H ds$ eine isotrope extragalaktische Intensität von 270 ± 40 Photonen cm$^{-2}$ s$^{-1}$ ster$^{-1}$ keV$^{-1}$ bzw. einen spektralen Teilchenstrom (5,1 ± 0,7) $10^{-25}$ erg$^{-2}$ s$^{-1}$ ster$^{-1}$ Hz$^{-1}$ bei 0,28 keV, der möglicherweise der Bremsstrahlung eines heißen intergalaktischen Mediums zuzuschreiben ist (vgl. Abschnitt 12). Unter anderem infolge der nicht eindeutigen Eliminierung der galaktischen Absorption weichen die Daten verschiedener Beobachtergruppen erheblich (bis zu einem Faktor 10) voneinander ab. Zuverlässiger sind die Beobachtungsergebnisse für $h\nu \gtrsim 1$ keV. Im Bereiche von 2—20 keV ist das diffuse Teilchenspektrum durch 10.3 $\varepsilon^{-\alpha}$ Photonen/(cm$^2$ s ster keV) ($\varepsilon$ in keV, $\alpha = 1{,}35^{+0{,}07}_{-0{,}10}$) gegeben und innerhalb von 5% isotrop. Zwischen 20—80 keV tritt eine Vergrößerung des Spektralindex etwa um 1 ein. Das Spektrum oberhalb 80—100 keV ist bis 1 MeV durch einen konstanten Spektralindex $\alpha = 2{,}3$ darstellbar: $J \approx 8{,}4 \cdot 10^2 \, \varepsilon^{-2.3}$ Photonen/(cm$^2$ ster s keV).

Die Interpretation des diffusen Röntgenhintergrundes war schwierig, solange man an einem galaktischen Ursprung festhielt. Die Isotropie zeigt, daß höchstens ein galaktisches Halomodell in Frage kommen kann. Der inverse COMPTON-Effekt der Halo-Elektronen an den Lichtquanten des 3-K-Strahlungsfeldes produziert zwar Photonen im Röntgenbereich, aber in zu geringer Anzahl. Das Röntgen-Hintergrundsspektrum wird daher zumindest teilweise als extragalaktisch angesehen.

Während lange Zeit nur obere Grenzen für Gammastrahlung angegeben werden konnten, gelang es in jüngster Zeit, auch Anzeichen für die tatsächliche Existenz kosmischer Gammaquanten zu finden. Das Spektrum der Gamma-Hintergrundsstrahlung ist keine direkte Fortsetzung des Röntgenspektrums, sondern scheint für $h\nu \gtrsim$ 1 MeV oberhalb des extrapolierten Röntgen-Potenzgesetzes zu liegen (Abb. 3). Überraschend an den Ergebnissen des CLARK-GARMIRE-KRAUSHAAR-Experimentes ist die Existenz einer intensiven $\gamma$-Strahlung aus der

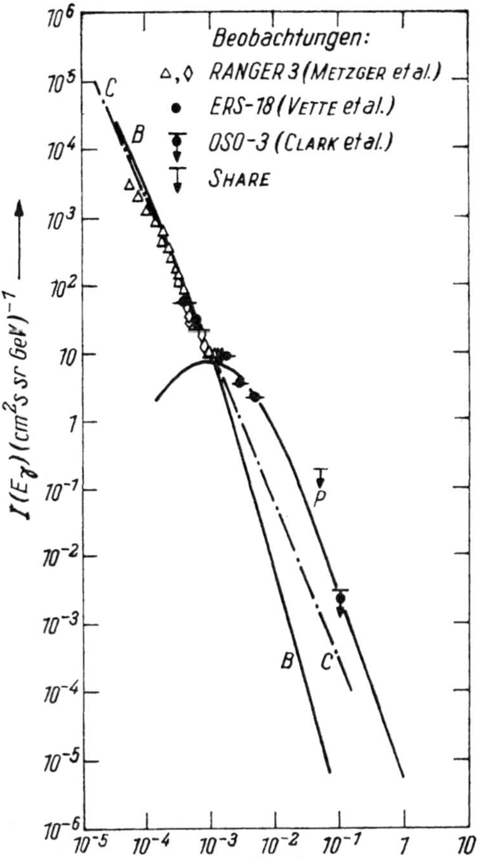


Abb. 3. Beobachtungen der diffusen Gammastrahlung (nach F. W. Stecker Nature **221**, 425, 1969).

galaktischen Scheibe ($1-2 \cdot 10^{-4}$ Photonen/(cm$^2$ s ster) oberhalb 100 MeV) und besonders aus der Richtung zum galaktischen Zentrum ($5 \cdot 10^{-4}$ Photonen/(cm$^2$ s ster). Diesem stark anisotropen Photonenstrom ist eine isotrope Komponente wahrscheinlich extragalaktischen Ursprungs der Ordnung $10^{-4}$ Photonen/(cm$^2$ s ster) überlagert (Abschnitt 15). Die Deutung der galaktischen Komponente ist noch ungeklärt: neben nichtaufgelösten diskreten Quellen können Stöße hochenergetischer Protonen der kosmischen Strahlung mit interstellarem Wasserstoff die Ursache sein[3]). Dies würde eine mittlere Wasserstoffdichte von 5 Atomen cm$^{-3}$ in der Galaxis voraussetzen, die etwas höher liegt, als aus 21-cm-Emissionsbeobachtungen abgeleitet wird. Eine andere Deutungsmöglichkeit ist der inverse Compton-Effekt galaktischer ultrarelativistischer Elektronen mit den Mikrowellenphotonen des von Houck und Mitarbeiter angenommenen intensiven Mikrowellen-Strahlungsfeldes (s. Abschnitt 5).

Die oberen Grenzen für kosmische Gammastrahlung ließen sich im Laufe der Zeit erheblich herabdrücken und liegen gegenwärtig bei $(1-4)\ 10^{-5}$ Photonen/(cm$^2$ s) oberhalb 50 MeV, $(1-2)\ 10^{-5}$ Einheiten oberhalb 150 MeV und $(0{,}5-1{,}5)\ 10^{-5}$ Einheiten oberhalb 500 MeV. Ein positiver Nachweis von Gammaquanten im Bereiche dieser Intensitäten liegt u. a. für den Krebsnebel und eine Sagittariusquelle mit $(3 \pm 1)$ Photonen/(cm$^2$ s) oberhalb 50 MeV vor.

Im Bereich der durch die Beobachtung des Čerenkov-Lichtes von Luftschauern zugänglichen höchstenergetischen Teilchen sind die oberen Grenzen für individuelle Quellen für Energien $h\nu \gtrsim 2 \cdot 10^{12}$ eV: $(3-30) \cdot 10^{-11}$ Photonen/(cm$^2$ s). In diesem Energiebereich sind die mittleren freien Weglängen der Gammaquanten wesentlich geringer als im sonstigen Gamma- und Röntgenbereich,

---

[3]) Nach Longair und Sunayev rührt sie von der inversen Compton-Streuung der Photonen der intensiven Infrarotquelle in Richtung des galaktischen Zentrums (vgl. Abschnitt 5) her.

wie 1961 von Nikischov bemerkt wurde: Infolge der Paarerzeugung $\gamma + \gamma' \rightarrow e^+ + e^-$ werden hochenergetische Gammaquanten in einem Strahlungsfeld niederenergetischer Photonen absorbiert (Anhang I). Zu jener Zeit waren lediglich das verdünnte interstellare bzw. intergalaktische Strahlungsfeld der thermischen Sternstrahlung (Energiedichten 1 eV cm$^{-3}$ bzw. $10^{-3}$ eV cm$^{-3}$) bekannt, die im Bereiche maximaler Absorption, d. h. für Gammaquanten von einigen $10^{12}$ eV, Absorptionswege von etwa $10^{25}$ cm bzw. $10^{28}$ cm ergeben, während für andere Bereiche des Gamma-Spektrums die Absorptionslängen erheblich größer sind. Durch die Existenz der 3-K-Photonen wird dieser Absorptionsweg für Gammaquanten von einigen $10^{15}$ eV auf $10^{22}$ cm (3 kpc) herabgedrückt, und steigt nach größeren Energien hin nur langsam an, so daß die Metagalaxis und bereits Bereiche von galaktischen Dimensionen undurchsichtig gegenüber Gammaquanten von $\varepsilon > 10^{15}$ eV sind.

## 5. Radio- und Mikrowellenemission

Der Radiohimmel am entgegengesetzten Ende des elektromagnetischen Spektrums wird nicht nur von einer Vielzahl diskreter galaktischer und extragalaktischer Radioquellen erleuchtet, sondern zeigt auch eine diffuse Komponente (Abb. 4). Diese Strahlung läßt sich — an geeigneten Beobachtungsplätzen und in Abhängigkeit von der Sonnenaktivität — bis etwa zu 10 MHz vom Erdboden aus verfolgen. Noch niedrigere Frequenzen erfordern wegen der Nichtdurchlässigkeit der Ionosphäre Satellitenbeobachtungen, die mit Radioantennen von einigen $10^2$ m linearer Ausdehnung und naturgemäß schwacher Winkelauflösung bereits durchgeführt werden. Die Hintergrundsstrahlung variiert über die Sphäre, wobei neben einer eine Korrelation zur galaktischen Ebene aufweisenden Komponente offenbar zufällig verteilte Emissionsgebiete („Spuren“) und eine isotrope Komponente auftreten. Die galaktische Komponente $I_\nu \sim \nu^{-\alpha} \sim \nu^{-0,4}$ ist die Überlagerung von Beiträgen lokaler Spiralarme und Zwischenarmgebiete, während die schwache (und hinsichtlich der Frequenzabhängigkeit steilere) isotrope Komponente $I_\nu \sim \nu^{-0,5}$ entweder extragalaktischen Ursprungs ist oder im galaktischen Halobereich entsteht. Die galaktische Strahlung läßt sich als Synchrotronstrahlung hochenergetischer galaktischer Elektronen in einem mittleren Magnetfeld der Ordnung $2 \cdot 10^{-6}$ Gauß

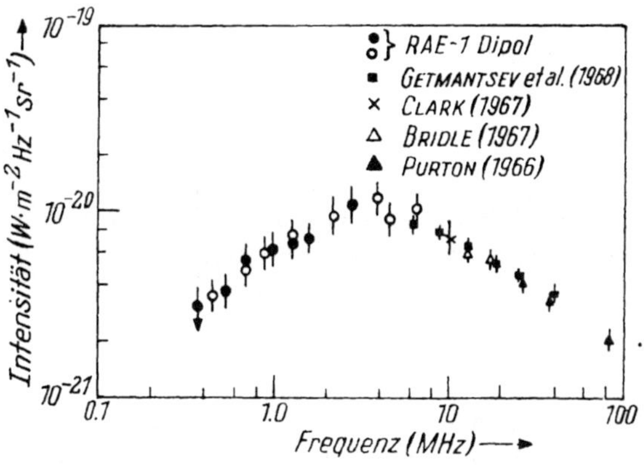


Abb. 4. Langwellige Radiohintergrundstrahlung (J. K. Alexander et. al., Astrophys. J. 157, L 163, 1969).

auffassen: Die Energie der emittierenden Elektronen liegt im Bereiche von $\sim \sqrt{\nu/32}$ GeV ($\nu$ in MHz), d. h. für Frequenzen zwischen 10 und 400 MHz zwischen 0,5 und 5 GeV. Der Radiospektralindex $\alpha \approx 0,4$ erfordert einen Elektronen-Spektralindex $p = 2\alpha + 1 \approx 1,8$ (Anhang I.2), der mit dem lokal gemessenen Index (nach Berücksichtigung solarer Modulation) verträglich ist; eine beobachtete Aufsteilung des Radiospektrums bei einigen $10^2$ MHz dürfte dabei mit der ebenfalls beobachteten Änderung des Elektronenindex um 3 GeV zusammenhängen (Abschnitt 3).

Die Umkehrung des Radiospektrums bei etwa 3 MHz kann als bedingt durch frei-frei-Absorption der Strahlung durch galaktischen ionisierten Wasserstoff (der Umkehrprozeß der Bremsstrahlung) verstanden werden. Die quantitative Interpretation der Ergebnisse hängt wesentlich von den Zustandsbedingungen und der Verteilung des interstellaren Gases ab. Neuere, die Aufheizung des Gases durch niederenergetische Protonen der kosmischen Strahlung im MeV-Bereich berücksichtigende Vorstellungen basieren auf einem 2-Komponenten-Modell für die galaktische Scheibe, bestehend aus einem relativ heißen Zwischenwolkengas ($T_e$ zwischen $10^3$ und $10^4$ K, Dichte $n_H \approx 0{,}2$ cm$^{-3}$, Elektronendichte $n_e \approx 0{,}02$ cm$^{-3}$) mit einer Gesamtschichtdicke von 0,4 kpc, in das kühlere ($T_e \approx 10-10^2$ K), dichtere ($n_H \approx 10^2$ cm$^{-3}$, $n_e \approx 0{,}03$ cm$^{-3}$) und weniger als 1% des gesamten Raumes einnehmende Wolken thermisch stabil eingebettet sind. Infolge ihrer niedrigeren Temperaturen sind die Wolken (neben den H II-Gebieten mit ihren hohen Elektronendichten) für die Absorption der niederfrequenten Radiostrahlung maßgebend, da der Absorptionskoeffizient (nach Berücksichtigung der im langwelligen Bereich wesentlich induzierten Emission als negativer Absorption) zu $n_e^2 T_e^{-3/2} \nu^{-2}$ proportional ist. Die Integration der Strahlungstransportgleichung ergibt für die beobachtete Intensität das längs der Gesichtslinie zu erstreckende Integral

$$I_\nu = \int_0^{l \operatorname{cosec} b} \mathrm{d}s\, j(\nu, s) \exp\left(-\int_0^s a(\nu, s')\, \mathrm{d}s'\right)$$

$$\approx \frac{j(\nu)}{0{,}2\, a} \left(1 - \exp\left[-0{,}2\, a l \operatorname{cosec} b\right]\right), \qquad (5.1)$$

bei dessen Berechnung räumliche Konstanz der eingehenden Koeffizienten in einer effektiven Absorptionsschichtdicke $0{,}2\, l$ cosec $b$ und Emissionsschichtdicke $l$ cosec $b$ ($b$ die galaktische Breite) vorausgesetzt wurde. Mit $\alpha \approx 0{,}5$ liegt (für den galaktischen Pol) das Maximum von $I_\nu$ etwa beim beobachteten Wert von 3 MHz, wenn relativ hohe Wolkentemperaturen bzw. niedrige Elektronendichten in den Wolken angenommen werden. Der beobachtete Abfall des Spektrums bei niedrigen Frequenzen ist jedoch schwächer als theoretisch ($\sim \nu^{2-\alpha}$) zu erwarten.

Über den ganzen beobachteten Frequenzbereich von 1 MHz bis zu einigen $10^3$ MHz läßt sich die isotrope Radio-Hintergrundsstrahlung im Mittel durch einen konstanten Index ($\alpha = 0{,}7$) darstellen: Im Temperaturmaß $T = \lambda^2 I_\nu / 2k$ gilt dann

$$T \approx 1{,}3_{10}{-4} \lambda^{2,7}\,\mathrm{K} \tag{5.2}$$

($\lambda$ in cm). Eine Überraschung ergab sich 1965 für das kurzwellige Ende dieses Bereiches. Mit Hilfe einer HORN-Antenne durchgeführte Messungen von PENZIAS und WILSON lieferten bei der Wellenlänge 7,35 cm (4080 MHz) eine die gemäß (5.2) extrapolierte Temperatur ($T \approx 0{,}04$ K) wesentlich übersteigende Strahlungstemperatur von 3,5 K. Eine ganze Reihe folgender Messungen zeigte, daß diese Hintergrundsstrahlung mit der Intensitätsverteilung eines strahlenden schwarzen Körpers der sehr niedrigen Temperatur $T \approx 2{,}7$ K dargestellt werden kann, wobei der langwellige RAYLEIGH-JEANS-Teil und die Krümmung des Spektrums im Bereiche des Maximums gut belegt sind (Abb. 5), während für den WIENschen Teil des Spektrums ($\lambda < 1{,}9$ mm) die Beobachtungen widersprüchliche Aussagen zu liefern scheinen. Das Strahlungsfeld erwies sich als hochgradig isotrop (die obere Grenze für eine in größeren Winkelbereichen etwa auftretende Anisotropie liegt bei $\Delta T/T \lesssim 10^{-3}$) und in etwa gleichem Grade unpolarisiert. Die starke Isotropie deutet in jedem Falle auf einen extragalaktischen Ursprung hin. Zugleich mit der Beobachtung wurde von DICKE und Mitarbeiter eine Interpretation gegeben, die diese ungewöhnliche Mikrowellenstrahlung als eine der *wichtigsten Entdeckungen der neueren Astronomie* überhaupt erscheinen läßt: Die (im folgenden stets so genannte) „3-K-Strahlung" ist danach als der adiabatisch abgekühlte (d. h. in sehr hohem Maße „rotverschobene")

Überrest der bereits seit frühen Phasen der metagalaktischen Entwicklung bestehenden universellen thermischen Gleichgewichtsstrahlung zu deuten (Abschnitt 8).

Im Millimetergebiet und für noch kürzere Wellenlängen sind Messungen vom Erdboden aus wegen der atmosphärischen Absorption nur innerhalb kleiner „Beobachtungsfenster" möglich. Es gibt jedoch *indirekte* Meßmethoden für die Temperatur eines intensiven universellen Mikrowellenstrahlungsfeldes: Die Rotationszustände einer Reihe

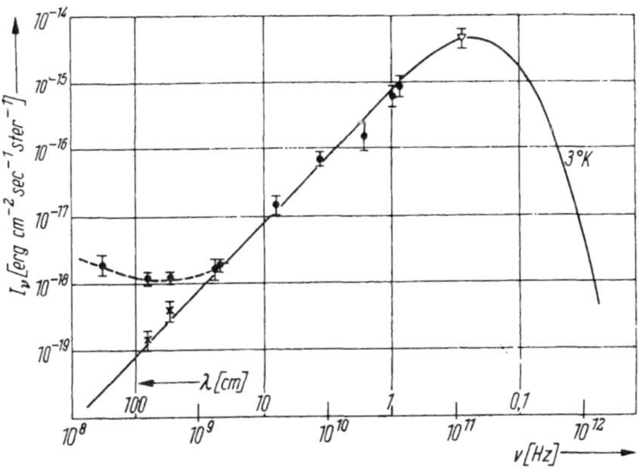


Abb. 5. Beobachtungen der 3-K-Strahlung.

von Molekülen und Radikalen besitzen sehr geringe Energiedifferenzen und können durch Mikrowellenphotonen angeregt werden. Von den *interstellaren* Molekülen, deren Elektronenübergänge als Absorptionslinien in den Spektren heißer entfernter Sterne festgestellt wurden, besitzen CN, CH und das $CH^+$-Radikal Rotationszustände im mm-Bereich, die durch die Absorption von Quanten mit Wellenlängen von $\lambda = 2{,}64$, 1,32 mm (CN), 0,559 mm (CH), 0,359 mm ($CH^+$) besetzt werden können. Aus der Intensität der erwähnten optischen Absorptionslinien kann auf die Besetzungsverhältnisse der Infrarotzustände und daraus direkt auf die im wesentlichen durch die Mikrowellenstrahlung bestimmten Anregungstemperaturen geschlossen werden. Messungen an $\varphi$ Ophiuchi ergaben für diese Anregungstemperatur bei $\lambda = 2{,}64$ mm aus CN-Linien den Wert $T \lesssim 2{,}83 \pm 0{,}15$ K, in Übereinstimmung mit den direkten Messungen. Für kürzere Wellenlängen wurden obere Grenzen zu $T \lesssim 4{,}74$ K (1,32 mm, J = 2—1-Übergang in CN), $T \lesssim 5{,}43$ K (0,559 mm, CH) und $T \lesssim 8{,}11$ K (0,359 mm, $CH^+$) bestimmt. *Direkte* Messungen oberhalb der Erdatmosphäre scheinen jedoch diese Werte nicht zu bestätigen: Ein unerwartet hoher und anscheinend isotroper Strahlungsstrom von $S = 5 \cdot 10^{-9}$ Watt cm$^{-2}$ ster$^{-1}$ wurde bei Raketenaufstiegen ($>120$ km) im Bereiche von 0,4 bis 1,3 mm unter Benutzung von Festkörper-Detektoren in Verbindung mit einem durch flüssiges Helium gekühlten Teleskop (17-cm-Spiegel) von Houck, Harvit und Shivanandan gefunden. Eine spätere Rekalibrierung reduzierte diesen Wert auf $S = 2.5^{+2.5}_{-1.2} \cdot 10^{-9}$ Einheiten. Sollte dieser Strahlungsstrom nicht auf atmosphärische Emission zurückzuführen sein, d. h. würde ein Strahlungsfeld so hoher Energiedichte ($4\pi\, S/c = 2 \cdot 10^{-11}$ erg cm$^{-3}$) in der Galaxis und möglicherweise im intergalaktischen Raum existieren, so ergäben sich weitreichende Konsequenzen, die über diejenigen der kosmischen 3-K-Strahlung (deren Maximum mit $T = 2{,}7$ K bei $\lambda = 1{,}86$ mm ebenfalls im Millimetergebiet liegt) noch hinausgehen. Die spektrale Verteilung der Strahlung ist nicht bekannt, und die Unsicherheit der absoluten Kalibrierung der Detektoren beim HHS-Experiment ist erheblich. Wird ein zwischen $\lambda_1 = 0{,}4$ und $\lambda_2 = 1{,}3$ mm konstanter Spektralindex $x$ angenommen ($I \sim \nu^{-x}$), so lassen sich Intensität $I_\nu$ und spektrale Photonendichte $n(\nu)\,\mathrm{d}\nu$ (für $x \neq 1$) mit dem mit einem Korrekturfaktor $f$ versehenen Strahlungsstrom $S$ gemäß

$$I_\nu = f K \nu^{-x}, \; K = c^{x-1}(x-1)\, S/(\lambda_2^{x-1} - \lambda_1^{x-1}), \quad (5.3)$$

$$n(\nu) = \frac{1}{ch} f\, K \nu^{-x-1} \quad (5.4)$$

darstellen. Mit einem weiteren Korrekturfaktor $g(x)$:

$$g(x) = \frac{\lambda_1 + \lambda_2}{2} \frac{x}{x-1} \frac{\lambda_2^{x-1} - \lambda_1^{x-1}}{\lambda_2^x - \lambda_1^x}, \tag{5.5}$$

der mit Spektralindizes im Bereiche von $x = +2$ und $x = -2$ zwischen 1 und 1,52 variiert ($x = 0: g = 1{,}2$), kann für die Photonendichte $N = 4\pi \int n(\nu)\,d\nu$ und die mittlere Photonenenergie $\bar{\varepsilon} = \int \varepsilon\, d\nu\, n(\nu)/N$

$$N = 2\pi S f(\lambda_1 + \lambda_2)/c^2 h g(x) = 9 \cdot 10^3 f/g \; [\mathrm{cm}^{-3}] \tag{5.6}$$

$$\bar{\varepsilon} = 2hc\, g(x)/(\lambda_1 + \lambda_2) = 1{,}5 \cdot 10^{-3} g \quad [\mathrm{eV}]$$
$$= 2{,}3 \cdot 10^{-15} g \quad [\mathrm{erg}] \tag{5.7}$$

geschrieben werden. ($f = 1$ entspricht dem ursprünglichen Wert von $S = 5 \cdot 10^{-9}$ Einheiten.) An Photonendichte würde das Strahlungsfeld die kosmische 3-K-Strahlung ($\sim$400 Photonen cm$^{-3}$) um einen Faktor $23f/g$ übertreffen, die mittlere Photonenenergie ist um einen Faktor 2,3 g höher, so daß die Energiedichte das $53f$-fache der Energiedichte der 3-K-Strahlung beträgt und mit einem Ruhmassenäquivalent von etwa $0{,}2 \cdot 10^{-31} f\,\mathrm{gcm}^{-3}$ bereits nicht mehr klein gegenüber der Ruhmassendichte der Galaxien ($3{,}1 \cdot 10^{-31}\,\mathrm{gcm}^{-3}$) ist. Der ungewöhnliche Charakter dieses Strahlungsfeldes wird daraus ersichtlich; seine Existenz ist im Rahmen der hier dargestellten mehr oder weniger konventionellen Annahmen über die Entwicklung der Metagalaxis kaum verständlich (s. auch Abschnitt 13). Die über die Anregung interstellarer Moleküle gewonnenen Daten sind mit der HHS-Intensität nur dann verträglich, wenn die Strahlung in Spektralbereichen konzentriert ist, die die Wellenlängen um 1,3 mm und 0,56 mm gerade nicht enthalten.

Einige Schlußfolgerungen sind:

(1) Die Lebenszeit $\tau$ relativistischer Elektronen gegenüber Energieverlust durch inversen Compton-Effekt an den HHS-Photonen beträgt etwa $3 \cdot 10^7/(f\varepsilon)$ Jahre, wobei $\varepsilon$ die Elektronenenergie in GeV ist. Dies bedeutet, daß $\tau$ im Bereiche einiger GeV

bis zu einigen $10^2$ GeV ausschließlich durch den inversen COMPTON-Effekt bestimmt ist. Die Abflachung des Elektronenspektrums im Bereiche $\varepsilon < 3$ GeV wäre Folge des Übergangs zu Verlusten infolge Diffusion aus der Galaxis, das Elektronenspektrum selbst wäre für $\varepsilon > 3$ GeV das Gleichgewichtsspektrum, nicht das Injektionsspektrum.

(2) Die bei diesen COMPTON-Stößen produzierten, im Röntgengebiet liegenden Photonen sind so zahlreich, daß die diffuse Röntgen-Hintergrundsstrahlung damit möglicherweise erklärt werden kann. Einem galaktischen Scheibenmodell widerspricht die festgestellte Isotropie der Röntgenstrahlung; jedoch könnte ein galaktisches Halo-Modell das Röntgenspektrum intensitätsmäßig der Größenordnung nach liefern, wenn aus Messungen des langwelligen Radio-Hintergrundsspektrums abgeleitete relativ hohe Halo-Elektronendichten zutreffen. Schwierigkeiten bereitet allerdings der Spektralindex: Seine unterschiedlichen Werte für die langwellige Halo-Synchrotronstrahlung und die COMPTON-Röntgen-Strahlung zeigen, daß nicht dieselben Elektronen für beide Strahlungen verantwortlich sein können.

Die Beobachtungsdaten über Hintergrundsstrahlung stellen nur einen kleinen Teil der auf dem noch jungen Gebiet der Mikrowellen- und Infrarot-Astronomie bereits gewonnenen Ergebnisse dar. Es sei hier nur noch ein Ergebnis erwähnt, das auch in anderem Zusammenhang von Interesse ist: Beobachtungen in Richtung zur nichtthermischen Radioquelle Sagittarius A, d. h. in Richtung zum galaktischen Zentrum, zeigten, daß eine intensive Infrarot- und Mikrowellenstrahlung von dort emittiert wird, die einen Gesamtbetrag von $\sim 2{,}7 \cdot 10^{42}$ erg s$^{-1}$ erreicht. Da auch in anderen Spektralbereichen (z. B. im Bereich der Gammastrahlung) eine erhöhte Intensität vom Zentrum der Milchstraße beobachtet wird und sogar eine verstärkte Gravitationsstrahlung angedeutet zu sein scheint, hat es nicht an Versuchen gefehlt, auch spekulativere Modelle für das galaktische Zentrum vorzuschlagen und es z. B. als „erloschenen Quasar" zu deuten.

# II. Quasare und extragalaktische Radioquellen

## 6. Beobachtungen

Die ersten *quasistellaren Radioquellen* (3C 48, 3C 196 und 3C 286) wurden entdeckt, als durch Interferometermessungen die Positionen von Radioquellen des dritten Cambridge (3C)-Kataloges (insbesondere solcher mit kleinen Winkeldurchmessern und großer Flächenhelligkeit) so genau bestimmbar wurden, daß eine Identifizierung mit optischen Objekten eindeutig war. Lichtelektrische und spektralphotometrische Untersuchungen zeigten dabei, daß das sternartige Objekt im Fehlerrechteck der Radioquellen ein ungewöhnliches optisches Kontinuum mit sich nur schwach abhebenden breiten Emissionslinien besaß, die zunächst nicht klar identifiziert werden konnten. Erst die Deutung ähnlicher Linien in 3C 273 als um einen Betrag $z = \Delta\lambda/\lambda_0 = \frac{\lambda - \lambda_0}{\lambda_0} \approx 0{,}16$ rotverschobenes Spektrum von Linien der Balmer-Serie und hochangeregter Elemente durch Schmidt ermöglichte unter Annahme noch höherer Rotverschiebungswerte ($z = 0{,}367$, $0{,}871$, $0{,}849$) in 3C 48, 196, 286 auch die Identifizierung der Linien dieser Quasare. Gegenwärtig sind weit über 100 QSO mit Rotverschiebungen bis zu $z = 2{,}877$ bekannt, so daß z. B. die Ly $\alpha$-Linie des Wasserstoffs ($\lambda_0 = 1216$ Å) im durch die Erdatmosphäre zugänglichen ultravioletten Spektralbereich (für $z = 2{,}22$ z. B. bei $\lambda = 3916$ Å) liegt. Die Kenntnis der Natur ihrer Rotverschiebungen (RV) ist Vorbedingung für ein physikalisches Verständnis der Quasare. Bevor wir auf von der üblichen kosmologischen abweichende Deutungsmöglichkeiten kurz eingehen, seien die wichtigsten Eigenschaften der QSO in einer Reihe von Punkten zusammengefaßt. Numerische Daten für einige willkürlich ausgewählte Quasare sind in Tabelle 3 zusammengestellt.

*Tabelle* 3. Beobachtungsdaten einiger Quasare.

| Objekt | $m_v$ | $U-B$ | $B-V$ | $z$ | Helligkeits-Entfernungen in Mpc (für $q_0 = 1$, $H_0 = 100$) | Radiointensitäten bei 178 MHz in $10^{-26}$ Wm² Hz⁻¹ | Spektralindex $x$ ($S \sim \nu^{-x}$) |
|---|---|---|---|---|---|---|---|
| 3 C 273 B | 12,8 | −0,85 | 0,21 | 0,158 | 470 | 67 | −0,1 |
| 3 C 48 | 16,2 | −0,58 | 0,42 | 0,367 | 1100 | 47 | |
| 3 C 47 | 18,1 | −0,65 | 0,05 | 0,425 | 1280 | 26,4 | |
| 3 C 345 | 16,8 | −0,50 | 0,29 | 0,594 | 1780 | 10,0 | |
| 3 C 446 | 18,39 (Okt. 64) | −0,90 | 0,04 | 1,403 | 4200 | 17 | 0,5 |
| 3 C 9 | 18,21 | −0,76 | 0,23 | 2,012 | 6000 | 15,0 | 0,9 |
| PKS 0237 −23 | 16,63 (Okt. 66) | −0,61 | 0,15 | 2,223 | 6650 | | variabel |

(1) Das *optische Erscheinungsbild* der Quasare ist nicht verschieden von dem gewöhnlicher Sterne, d. h., sie sind in normalen Teleskopen nichtauflösbare Objekte (mit Durchmessern $< 1''$).

(2) Es scheinen keine die Meßfehler übersteigenden *Eigenbewegungen* zu existieren; nach JEFFREYS ergibt sich z. B. für die absolute Eigenbewegung von 3C 273 aus einer Beobachtungsperiode von 1887–1963: $\mu_\alpha = 0{,}0009'' \pm 0{,}0025''$/Jahr, $\mu_\delta = -0{,}0012'' \pm 0{,}0025''$/Jahr.

(3) Das *Spektrum* zeigt breite und verwaschene Emissionslinien, die sich nur schwach vom Kontinuum abheben, in einer Reihe von Fällen auch schmale Absorptionslinien. Die Deutung der *Emissionslinien* als BALMER-Serie des Wasserstoffs und Resonanz- bzw. teilweise auch verbotener Linien hochangeregter Elemente ergibt eine starke Rotverschiebung gegenüber der entsprechenden Laboratoriumswellenlänge bis zu Werten $z = \Delta\lambda/\lambda_0 \gtrsim 2$. Die den *Absorptionslinien* entsprechenden RV $z_a$ sind im allgemeinen von $z$ verschieden ($z_a \lesssim z$).

Das *optische Kontinuum*, das bei QSO mit großen RV bis jenseits der Ly$\alpha$-Linie vom Grund aus beobachtbar ist, ist ebenfalls von dem normaler Sterne völlig verschieden. Es kann nicht als thermische Strahlung bei (durch die Deutung des Linienspektrums nahegelegten) Temperaturen von 20000–30000 K erklärt werden, da der BALMER-Sprung praktisch nicht vorhanden ist und die Strahlung insbesondere im Infraroten so intensiv ist, daß nichtthermische Prozesse wie etwa optische Synchrotronstrahlung herangezogen werden müssen. Die Besonderheiten eines Quasarspektrums zeigen sich im sog. UBV-*Diagramm* (Abb. 6), bei dem

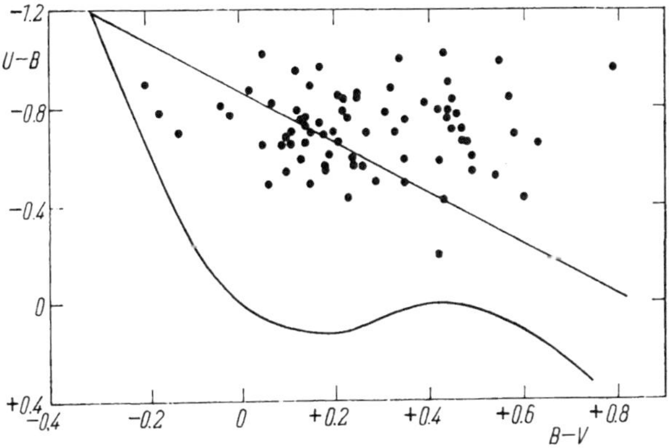


Abb. 6. UBV-Diagramm für Quasare mit bekannten Farben; die Gerade repräsentiert die Lage schwarzer Strahler verschiedener Temperatur.

im wesentlichen der logarithmische Quotient der Intensität $F(\nu)$ im blauen und ultravioletten Spektralbereich gegenüber dem entsprechenden Quotienten im visuellen und blauen Spektralbereich aufgetragen ist, d. h. U—B gegen B—V, wobei

$$U - B = 2{,}5 \lg \frac{F(\nu_B)}{F(\nu_U)} - 0{,}910,$$

$$B - V = 2{,}5 \lg \frac{F(\nu_V)}{F(\nu_B)} + 0{,}091 \qquad (6{,}1)$$

gilt ($\nu_U$, $\nu_B$, $\nu_V$ sind effektive Frequenzen der entsprechenden Bereiche). QSO besitzen einen negativen Farbindex $U - B$ und liegen (ähnlich wie $U$-Gem-Sterne und alte Novae) in der Nähe schwarzer Strahler. Die stärksten Emissionslinien produzieren eine Abhängigkeit der mittleren Lage eines QSO im UBV-Diagramm von seiner Rotverschiebung $z$.

(4) Eine 1965 von SANDAGE entdeckte Klasse von quasistellaren Objekten („QSG“ oder „*quasistellare Galaxien*“ genannt) besitzt keine entdeckbare Radioemission auf der Basis der Grenzintensität des 3C- ($9 \cdot 10^{-26}$ Wm$^{-2}$Hz$^{-1}$ bei 178 MHz) oder 4C-Kataloges ($2 \cdot 10^{-26}$ Wm$^{-2}$ Hz$^{-1}$ bei 178 MHz). Das optische Spektrum zeigt jedoch keine Unterschiede zu dem der eigentlichen quasistellaren Radioquellen, so daß beide Arten von Objekten zur Gruppe der „quasistellaren Objekte“ zusammengefaßt werden. Obwohl die ersten Abschätzungen von SANDAGE über die Häufigkeit der QSG mit 4 pro $\square^\circ$ bis zur Helligkeit $m_{pg} = 19$ zu hoch gegriffen erschien, sind QSG immer noch weitaus zahlreicher als die eine merkliche Radiostrahlung emittierenden QSO.

(5) Die Mehrzahl der bisher gefundenen QSO war zunächst als Radioquelle bekannt. Die *Emission im Radiobereich* ist bei kosmologischer Interpretation der Rotverschiebung von der gleichen Ordnung wie die der stärksten bekannten Radiogalaxien ($10^{44}$ bis $10^{45}$ erg/s). Auch das Spektrum läßt sich wie bei Radiogalaxien in vielen Fällen in einem begrenzten Spektralbereich durch einen Potenzansatz $P(\nu) \sim \nu^{-x} (x \lesssim 0{,}7)$ darstellen. Bei einigen QSO tritt für kleine Frequenzen eine Abflachung des Spektrums auf, eventuell gefolgt von einem meist als Effekt der Synchrotron-Selbstabsorption gedeuteten Abfall.

(6) Durch die Interpretation dieses langwelligen (bei der Frequenz $\nu_m$ auftretenden) cut-off des Radiospektrums als durch Synchrotron-Selbstabsorption hervorgerufen erhält man Abschätzungen über die in Quasaren auftretenden *Magnetfelder*. Mit einem Spektrum $n(\varepsilon)\, d\varepsilon = \text{const}\ \varepsilon^{-p}\, d\varepsilon$ der relativistischen Elektronen ergibt sich unter homogenen Bedingungen für die magnetische Feldstärke $B$ (in Gauß) ein Wert

$$B = f(p)\, \frac{\theta^4 \nu^{1-p}}{S^2 (1+z)}\, \nu_m^{p+4}, \tag{6.2}$$

wobei $\theta$ der scheinbare Winkeldurchmesser der Quelle ist sowie $S$ der beobachtete Strahlungsstrom bei der Frequenz $\nu > \nu_m$ ($p$ hängt mit dem Spektralindex der Quelle vermöge $p = 2x + 1$ zusammen, vgl. Anhang I.1). Für 3C48 folgt mit $\nu_m = 70$ MHz ein Wert $B < 2 \cdot 10^{-4}$ Gauß; ähnliche Größenordnungen ergeben sich auch für andere QSO. Bei der Benutzung dieser Werte ist jedoch Vorsicht geboten: Die abgeleiteten oberen Grenzen für die Feldstärken beziehen sich auf das Emissionsgebiet der langwelligen

Strahlung; es ist möglich, daß kleine kompakte Komponenten in QSO existieren, deren Synchrontron-cut-off-Frequenz höher liegt und die damit beträchtlich intensivere Magnetfelder enthalten können.

(7) Die interferometrisch (bzw. bei kleinen Durchmessern auch durch Mondbedeckungen oder aus der Szintillation infolge Irregularitäten des interplanetaren Plasmas) bestimmten Winkeldurchmesser von QSO variieren über einen großen Bereich. Eine Reihe von QSO zeigt — wie im allgemeinen Radiogalaxien — eine Doppelstruktur mit Ausdehnungen zwischen den Komponenten, die bei kosmologischer Interpretation der RV von der Ordnung der der Radiogalaxien sind, d. h. $\lesssim 10^2$ kpc. Auf der Grundlage von Radiobeobachtungen allein sind diese ausgedehnten QSO (wie 3C 47) von intensiven Radiogalaxien nicht zu unterscheiden. Die Größe des Bereiches, aus dem der Hauptteil der Radiostrahlung stammt, hängt von der Frequenz ab. Viele QSO besitzen für hohe Frequenzen sehr kleine *Radiokomponenten* mit Durchmessern unter 1″. Die Bestimmung außerordentlich kleiner Winkeldurchmesser wurde durch ein interferometrisches Verfahren ermöglicht, bei dem die Radiosignale zweier bis zu transkontinentalen Entfernungen auseinander liegenden Antennen zusammen mit von Quarzuhren gelieferten Zeitmarken gespeichert und erst später korreliert werden. Die mit verschiedenen Methoden bestimmte Struktur der Quelle 3C 273 erweist sich dabei als sehr komplex: 3C 273 ist als Radioquelle eine Doppelquelle mit einem Abstand der Komponenten A und B von 19″,5 (1″ entspricht hier unter Annahme einer kosmologischen Deutung der RV 0,161 kpc; 1 kpc $= 3 \cdot 10^{21}$ cm). Die Intensitäten von 3C 274 A und 3C 273 B verhalten sich bei 410 MHz wie 2:1, jedoch besitzt die A-Komponente einen steileren Spektralindex. Das optische Objekt fällt mit der Quelle 3C 273 B zusammen. Von der Komponente A weist ein schmaler „jet“ in die Richtung von B. Die Durchmesser von A und B sind bei 410 MHz 4″ bzw. 3″. Beide Komponenten zeigen innere Strukturen; bei 1420 MHz besitzt B einen Kern mit $\theta < 0'',5$, der etwa 80% zur Helligkeit beiträgt. Die erwähnten neuen Interferometermethoden gestatteten noch kleinere Komponenten von $\theta \approx 0'',002$ und $\theta \approx 0'',0006$ Durchmesser zu finden.

(8) Eine unerwartete Entdeckung mit folgenreichen Konsequenzen war die Feststellung einer *variablen Emission sowohl im Radio- als auch im optischen Bereich.* Obwohl die Bekanntgabe einer periodischen Schwankung ($P \sim 100$ Tage) der Radio-

strahlung von CTA 102 bei 1 GHz durch SCHOLOMITZKI (1965) später nicht bestätigt wurde, stellte bald darauf DENT bei 3C 273 B (sowie 3C 279 und 3C 345) bei einer Frequenz von 8 GHz ein Anwachsen der Helligkeit um 17% pro Jahr fest, das dann auch bei kleineren Frequenzen bis zu 1 GHz (jedoch nicht langwelliger) beobachtet wurde. In der Folgezeit wurden Intensitätsänderungen der kurzwelligen Radiostrahlung bei einer ganzen Reihe von QSO festgestellt. 3C 273 und andere Quellen sind auch im Millimetergebiet mit einer Skala von Monaten variabel. Langperiodische ($P \sim$ 13 Jahre) Variationen der Intensität im optischen Bereich (um einen Faktor der Ordnung 2) wurden für 3C 273 mit Hilfe bis ins vergangene Jahrhundert reichender Photoplatten bereits 1963 entdeckt. Daneben existieren für Zeitskalen von der Ordnung Wochen oder Monate ebenfalls Variationen. Kleinere Intensitätsänderungen (bis zu einer Größenklasse) in diesen Zeiten scheinen ein gemeinsames Kennzeichen der meisten QSO zu sein. Ein ungewöhnliches Objekt ist der Quasar 3C 446, der im Oktober 1965 eine scheinbare visuelle Helligkeit von $18^m,4$ besaß, seine Helligkeit innerhalb eines halben Jahres um drei Größenklassen vergrößerte (ein Unterschied von einer Größenklasse entspricht einem Intensitätszuwachs um den Faktor $10^{+0,4} = 2{,}5$) und später Schwankungen um zwei Größenklassen innerhalb von 10 Tagen sowie um $0^m,5-0^m,8$ innerhalb 24 Stunden zeigte; es sind keine Anzeichen für eine Korrelation der optischen Variation mit den Intensitätsänderungen im Radiobereich zu erkennen. Intensitätsvariationen von so kleiner Zeitskala setzen außerordentlich einschränkende obere Grenzen für die Größe $d$ der hauptsächlich emittierenden Volumen; bei nichtrelativistischer Expansion bzw. Bewegung der Emissionsgebiete gilt $d \lesssim c\tau$, wo $\tau$ die charakteristische Zeit einer signifikanten Änderung der Intensität ist ($d \approx 1{,}8 \cdot 10^{16}$ cm für $\tau \approx 1$ Woche).

(9) Einen wichtigen Hinweis auf die Natur des Emissionsprozesses würde die Entdeckung einer möglichen zirkularen oder linearen *Polarisation der Strahlung* geben. Während zirkulare Polarisation noch nicht mit Sicherheit festgestellt wurde (weder im optischen noch im Radiobereich), zeigten 3C 446 und andere QSO beträchtliche lineare optische Polarisation; eine schwache lineare Polarisation scheint — 3C 273 ausgenommen — in den meisten QSO aufzutreten.

(10) Die Benutzung neuer Beobachtungstechniken mit „tiefgekühlten" Detektoren erlaubte auch die Untersuchung der

Energieverteilung im *Infrarotgebiet*. Die Ergebnisse zeigten, daß offenbar ein merklicher Teil von Quasaren und Galaxien in diesem Bereich mehr Energie abstrahlt als in allen anderen Wellenlängen zusammengenommen. Die Infrarotemission einiger Galaxien reicht an die Helligkeit der Quasare heran („Infrarotgalaxien"), so daß ein erheblicher Teil der Masse des Kerns in Strahlung umgewandelt werden muß. Infrarot-Galaxien sind teilweise identisch mit SEYFERT-Galaxien, deren enger Zusammenhang mit Quasaren seit langem bekannt ist. Mit etwa 1% aller Galaxien ist die Zahl der Infrarotgalaxien so hoch, daß dieses Phänomen einen merklichen Bruchteil der Lebenszeit einer Galaxie beanspruchen könnte. Es ist möglich, daß die Infrarotstrahlung primär vom Kern der Galaxie im optischen oder UV-Bereich emittiert und erst später durch Wechselwirkung mit Staubpartikeln in das Infrarotgebiet konvertiert wurde. Auch im Infrarotgebiet gefundene rasche Intensitätsänderungen lassen sich damit jedoch nicht deuten.

Die Analogie der QSO zu SEYFERT-Galaxien, elliptischen Galaxien vom N-Typ und Kompaktgalaxien wird durch die Variabilität dieser Quellen verstärkt; es wurde die optische Variabilität einiger Radio-N-Galaxien sowie die Radiovariabilität des SEYFERT-Kerns von NGC 1275 festgestellt. Auch liegen direkte Anzeichen von Explosionen im Kern von SEYFERT-Galaxien vor.

(11) Die *Verteilung der* QSO *mit großer* RV *an der Sphäre* scheint nicht homogen zu sein; jedoch können Auswahleffekte dafür verantwortlich gemacht werden. — Eine interessante Vermutung von ARP, wonach QSO mit relativ nahen Galaxien genetisch verbunden sein sollten (dadurch gestützt, daß die beobachtungsmäßig festgestellte Wahrscheinlichkeit für das Auffinden einer bestimmten Klasse von Pekuliar-Galaxien in der Mitte der Verbindungslinie zweier QSO oder anderer Radioquellen höher ist, als statistisch zu erwarten wäre) würde, falls bestätigt, nicht-kosmologische Entfernungen (und damit einen nicht-kosmologischen Ursprung der RV) implizieren. Die statistische Signifikanz dieser und anderer von ARP gefundenen Korrelationen bleibt jedoch fraglich. Zur kosmologischen Bedeutung der QSO-Statistik s. Abschnitt 11.

Die Schwierigkeiten, die insbesondere mit Forderungen einer extrem hohen Energieproduktion auf kleinem Raum zusammenhängen, haben zu anderen Hypothesen über den Ursprung der Quasar-RV Anlaß gegeben. Eine naheliegende, durch die offensichtliche Existenz einer maximalen RV in gewisser Weise gestützte Hypothese besteht darin, die RV als vom Gravitationsfeld eines hinreichend massiven (Masse $M$) oder hinreichend konzentrierten (Radius $R$) Sterns herrührend zu betrachten. Aus der dann geltenden Relation

$$1 + z = (1 - 2\,MG/Rc^2)^{-1/2} \tag{6.3}$$

ergeben sich jedoch für alle vertretbaren Quasardimensionen außerordentlich hohe Massen von der Ordnung $10^{12}$—$10^{13}\,M_\odot$; außerdem bestehen Schwierigkeiten bei der Erklärung des Linienspektrums. Einen Ausweg haben Fowler und Hoyle in der Gestalt einer die RV produzierenden und das eigentliche emittierende Objekt umgebenden „durchsichtigen" Wolke von Neutronensternen gesucht. Eine zweite Möglichkeit der Deutung quasistellarer Objekte als lokales Phänomen ist die Interpretation der RV als normale Dopplerverschiebung: QSO wären dann mit relativistischen Geschwindigkeiten etwa aus unserer Galaxis emittierte Objekte. Der fast exotische Charakter dieser und ähnlicher ernsthaft vertretenen Vorstellungen weist auf die außerordentlichen Schwierigkeiten der Erklärung des Quasar-Phänomens hin. Es ist natürlich auch nicht ausgeschlossen, daß ein noch unbekannter physikalischer Mechanismus die RV produziert. Ein solcher wäre z. B. eine mögliche Photoneninstabilität, oder genauer eine endliche (wenn auch äußerst kleine und erst in kosmischen Zeitraum wirksam werdende) Wahrscheinlichkeit pro Zeiteinheit, daß ein Photon eine eventuell unendliche Zahl infraroter Photonen (mit endlicher Gesamtenergie) emittiert.

## 7. Modelle

### a) Interpretation des Linienspektrums

Der Schluß von den beobachteten Typen, Intensitäten und Äquivalentbreiten der Emissions- und Absorptionslinien eines Quasars auf die physikalischen Parameter der *Linienemissions-Region* (insbesondere deren Elektronendichte $n_e$ und Temperatur $T_e$) bereitet keine grundsätzlichen Schwierigkeiten. Die Verhältnisse sind denen der gut bekannten planetarischen Nebel sehr ähnlich. Bei letzteren erfolgt die Anregung und Ionisierung der Nebelmaterie durch die UV-Quanten eines heißen Zentralsternes. Im Falle der Quasare ist ein zentraler, das (gegenüber galaktischen Nebeln relativ zu den Linien starke) Kontinuum produzierender Kern (Durchmesser $d$) anzunehmen, der von einer ausgedehnteren Emissionsregion (Durchmesser $R$) umgeben ist. Die Existenz verbotener Linien gibt obere Grenzen für die Elektronendichte in der Emissionsregion (bei zu hohen Dichten würde eine Stoßabregung der metastabilen oberen Zustände erfolgen). Unter Annahme einer Elementverteilung, wie sie einer galaktischen Population I entspricht, lassen sich — entweder für ein gemitteltes Quasarspektrum oder für bestimmte QSO — diejenigen Werte für $T_e$ und $n_e$ finden, die für die berechneten relativen Linienintensitäten am besten mit den beobachteten übereinstimmen. Auf diese Weise wurden die Dichten in Tabelle 4 erhalten, die etwas oberhalb derjenigen planetarischer Nebel liegen.

*Tabelle 4.* Parameter der Linienemissions-Region in 3 C 48 und 3 C 273

| | Helligkeit in $H_\beta$[erg s$^{-1}$] | Helligkeit im sichtbaren Spektrum [erg s$^{-1}$] | $R$[pc] | $n_e$[cm$^{-3}$] | $M_H/M_\odot$ |
|---|---|---|---|---|---|
| 3 C 48 | $6 \cdot 10^{42}$ | $10^{45}$ | 10 | $3 \cdot 10^4$ | $5 \cdot 10^6$ |
| 3 C 273 | $9 \cdot 10^{43}$ | $4 \cdot 10^{45}$ | 1,2 | $3 \cdot 10^6$ | $6 \cdot 10^5$ |

Aus der Gleichung für die Volumenemission in der Balmerlinie $H_\beta$

$$E(H_\beta) = 2{,}28\ 10^{-19} \cdot n_e^2 \cdot T_e^{-3/2}\, b_4 \exp\,(0{,}98\ 10^4/T_e) \qquad (7.1)$$

(der MENZELsche Faktor $b_4$ beschreibt die Abweichungen der Besetzung der angeregten Zustände von einer BOLTZMANN-Verteilung; wie bei planetarischen Nebeln wurde auch hier $b_4 = 0{,}16$ angenommen) läßt sich mit dem beobachteten Wert der Emission in $H_\beta$, $T_e = 10^4$ K und der bekannten (kosmologischen) Entfernung von 3C 273 (470 Mpc) der Durchmesser $R$ der Wasserstoffemissionsregion für dieses Objekt zu $R = 1{,}2$ pc abschätzen; die Gesamtmasse $M_H$ des leuchtenden H I beträgt $6 \cdot 10^5$ Sonnenmassen. (3C 273 als vermutlich junge Quelle ist nicht typisch für die Mehrzahl der Quasare, deren Elektronendichten etwas niedriger liegen.) Die so folgenden relativ großen „Quasardurchmesser" von der Ordnung einiger Parsec scheinen nicht durch sich aus einer etwaigen Variabilität ergebende Bedingungen eingeschränkt zu sein: Die z. B. bei 3 C 446 — dem Quasar mit der stärksten optischen Variabilität — beobachteten Änderungen im Spektrum sind konsistent mit der Annahme, daß die von den Linien emittierte absolute Energie konstant blieb und lediglich das (somit aus einem weitaus kleinerem Bereich stammende) Kontinuum variierte. Eine Ausnahme bildet bisher nur die in 3C 345 beobachtete Mg-II-Linie bei 2798 Å, deren Struktur sich innerhalb kurzer Zeit änderte. Vermutlich entsteht diese Resonanzlinie in einer anderen Region.

Ein wesentlicher Faktor, insbesondere bei der Erklärung der Linienbreiten, ist die Elektronenstreuung. Die entsprechende optische Tiefe $\tau$ für die Emissionslinien-Region von 3C 273 beträgt mit den oben angegebenen Daten $\tau \approx 10$. Dies würde Schwierigkeiten wegen der beobachteten raschen Variabilität des Kontinuums ergeben. Neuere Modelle für 3C 273 nehmen daher an, daß das emittierende Material sich entweder in einer dünnen Schale befindet oder in Filamenten bzw. Kondensationen auftritt, die in einem größeren Volumen (Durchmesser $\sim$5 pc) eingebettet sind, wobei jede Kondensation dieselbe Temperatur, chemische Zusammensetzung und Dichte besitzt. Die Linienbreite könnte dann eventuell als

Dopplereffekt dieser Wolken gedeutet werden, sofern die optische Tiefe $\tau < 1$ ist und Elektronenstreuung zur Erklärung der Breite der verbotenen Linien (im Unterschied zu Resonanzlinien) nicht mehr ausreicht.

Das bisher am weitesten ausgearbeitete, von BAHCALL stammende Modell für das Linienemissionsgebiet von 3C 273 nimmt ein vom Kern herrührendes Kontinuum mit der mangels Beobachtungen im UV etwas extrapolierten Verteilung $F = F_0 = \text{const}$ für $\lambda < 912$ Å (hinter der Lyman-Seriengrenze) und $F = F_0(\lambda/912)^\alpha$, $\alpha = 0{,}7$ für $\lambda \sim 912$ Å an, und berechnet die (in bisherigen Arbeiten lediglich angenommene) Ionisationsverteilung als Funktion des Kernabstandes unter der Annahme einer solaren Elementverteilung (mit Ausnahme unterschiedlicher Werte für die He-Konzentration). Die allgemeine Übereinstimmung der berechneten Linienstärken und -weiten mit den beobachteten war zufriedenstellend; jedoch schien es nötig zu sein, eine He-Konzentration anzunehmen, die um einen Faktor 10 *unter* der solaren liegt. Für die sonstigen Parameter folgte $R \sim 5$ pc, eine totale Dichte $(H_I + H_{II} + H_e)$ von $n = 10^7$ cm$^{-3}$, für den Bruchteil des besetzten Raumes $\varepsilon \sim 10^{-3}$ bis $10^{-4}$ sowie eine Gesamtmasse von $10^5\, M_\odot$. Ein solches schon sehr verwickeltes Modell läßt erkennen, daß bereits detaillierte quantitative Aussagen über die Emissionslinien-Region der Quasare gemacht werden können. Unsicherer ist die Deutung der Absorptionslinien in einigen Quasarspektren, die besonders in PKS 0237-23 (Emissionslinien-Rotverschiebung $z = 2{,}233$) zahlreich auftreten. BAHCALL, GREENSTEIN und SARGENT identifizierten von 49 gemessenen Absorptionslinien 28, wobei nicht weniger als fünf Rotverschiebungssysteme[4]), $z = 2{,}2015$, $1{,}6706$, $1{,}6560$, $1{,}5132$ und

---

[4]) Die Abwesenheit einer früher angenommenen Absorptions-Rotverschiebung von $z = 1{,}95$ läßt an der Sicherheit der Linienidentifikationen zweifeln. Derartige Identifizierungen lassen sich jedoch objektiv mit dem Computer durchführen, zugleich wird dabei ein quantitatives Maß für die „Verläßlichkeit“

1,3642 nötig waren. Neben der Hypothese, daß die Absorptionslinien in mit Geschwindigkeiten bis zu 0,3 $c$ relativ zur Quelle der Emissionslinien (und in deren Nähe) bewegten Wolken entstehen, sind verschiedene Varianten der Möglichkeit erwogen worden, daß zufällig in der Gesichtslinie zur Quelle verteilte Materie (z. B. Gas innerhalb von Galaxienhaufen, interstellares Gas in normalen Galaxien usw.) die Absorption verursacht, ohne daß bisher eine klare Entscheidung möglich war.

b) Hypothesen über den Ursprung des Kontinuums

Während über den Zustand der Linienemissions-Region verhältnismäßig verläßliche Aussagen möglich zu sein scheinen, ist ein physikalisches Verständnis der (des) das Kontinuum emittierenden Gebiete(s) noch nicht erreicht. Bei Lebenszeiten von $10^5-10^6$ Jahren, wie sie für Quasare aus verschiedenen Gründen angenommen werden, und einer Gesamtemissionsrate von $10^{47}$ erg/s, müssen Energiebeträge von der Ordnung einiger $10^{60}$ erg (entsprechend Ruhmassen von der Ordnung $10^6-10^7$ Sonnenmassen) aufgebracht werden, um die Emission im Radio-, infraroten und optischen Bereich zu decken. Bei einem Wirkungsgrad von 1% für die Umwandlung von Masse in Energie folgen daraus Massen von der Ordnung $10^8$ bis $10^9 M_\odot$ für die Zentralregion, Werte, die so groß sind, daß statt Kernprozesse auch andere Mechanismen, wie die Umwandlung der Gravitationsenergie, vorgeschlagen wurden (im letzteren Falle können bei der Kontraktion bis auf den Schwarzschildradius im Prinzip Energiebeträge von der Ordnung der Ruhmassenenergie frei werden). Konkrete Modelle reichen von Sternstößen, Supernovatheorien bis zu supermassiven Sternen, die aus

einer solchen Identifizierung ermittelt. (Die anscheinende Häufung der Absorptionslinien-Rotverschiebungen um einen Wert $z = 1,95$ gab Anlaß zu zahlreichen Spekulationen, z. B. zur Annahme der Bildung von Galaxien in der entsprechenden kosmologischen Epoche.)

allgemein-relativistischen Gründen eigentlich instabil sein sollten, aber durch einen Zusatz von Rotations-, Turbulenz- und magnetischen Kräften stabil gemacht werden können. In diese Richtung gehört auch das Magnetoid-Modell von OSERNOY, eine quasistabile Konfiguration, in der sich die Materie längs der Kraftlinien eines regulären inhomogenen starken Magnetfeldes bewegt und Plasma-Instabilitäten für Fluktuationen in der Strahlung sorgen.

Einschränkungen für die möglichen Kernmodelle ergeben sich aus der offensichtlichen außerordentlichen Kleinheit der emittierenden Gebiete. Die jüngsten interferometrischen Durchmesserbestimmungen der beiden kompakten Regionen in 3C 273B ergaben Lineardurchmesser von $10^{18}$ cm bzw. $3 \cdot 10^{17}$ cm. Noch kleinere Durchmesser, $d \approx 10^{17}$ cm, folgen aus den Radiovariationen, während sich für die Emissionsgebiete des optischen Kontinuums Werte von $10^{15}$ cm ergeben, wenn Fluktuationen von der Ordnung der Gesamtintensität innerhalb 24 Stunden auftreten. Dies bedeutet zugleich die Existenz extrem hoher Strahlungsdichten, z. B. von der Ordnung 10 erg $cm^{-3}$ für optische Photonen in 3C 346. Die Bedingungen für die Wirksamkeit bisher vorgeschlagener Emissionsmechanismen, wie Synchrotronstrahlung, kohärente Plasma-Oszillationen, der inverse COMPTON-Effekt von niederenergetischen Photonen an relativistischen Elektronen, Bremsstrahlung usw., werden dadurch teilweise erheblich eingeschränkt. Die Kleinheit der Emissionsgebiete verlangt im Falle der Synchrotronstrahlung hinreichend niedrige Magnetfelder, um die beobachteten Synchrotron-Selbstabsorptionen zu erklären (vgl. den folgenden Abschnitt); andererseits werden hohe Magnetfelder benötigt, um die COMPTON-Verluste der relativistischen Elektronen gegenüber den Synchrotronverlusten hinreichend niedrig zu halten. Für kompakte Quellen scheint daher die (für ausgedehnte Radioquellen ziemlich gesicherte) Annahme von Synchrotron-Strahlung nur in Kombination mit relativistischen Zeitdilatations-Effekten, z. B. bei der relativistischen Expansion oder der relativistischen Bewegung einer Plasmawolke, möglich zu sein.

### c) Expandierende Plasmawolken als mögliche Ursache der Radiovariabilität

Da die *Natur* der Beschleunigungsmechanismen relativistischer Teilchen in QSO noch weitgehend unklar ist, liegt es nahe, die Existenz eines verstärkten relativistischen Elektronenflusses zu einem Zeitpunkt $t = t_0$ als gegeben anzunehmen und nach dem zeitlichen Verhalten für $t > t_0$ zu fragen. Beste Erfolge werden dabei mit einer auf SCHKLOWSKI zurückgehenden und zunächst zur Erklärung von Supernova-Überresten benutzten Annahme einer adiabatisch expandierenden Plasmawolke mit (gegenüber der Energiedichte der relativistischen Teilchen energetisch schwachem) eingefrorenem Magnetfeld erzielt.

Die räumliche Variation der Richtungen des Magnetfeldes kann dabei als statistisch ungeordnet angenommen werden, so daß die Geschwindigkeitsverteilung der Elektronen während der Expansion (trotz der die Verteilung nicht isotrop beeinflussenden Synchrotronverluste) isotrop bleibt. Es wird nun angenommen, daß eine solche Wolke relativistischer Teilchen zu Beginn ihrer Expansion optisch dick gegenüber der emittierten Synchrotronstrahlung ist, d. h., daß Synchrotron-Selbstabsorption für Frequenzen $\nu < \nu_m(t)$ einsetzt, wobei $\nu_m$ im mm- oder cm-Gebiet liegt. Mit der Expansion wird die Wolke für einen wachsenden Frequenzbereich durchlässig, d. h., $\nu_m$ verschiebt sich zu kleineren Frequenzen hin; bei Frequenzen $\nu \gg \nu_m$ bzw. $\nu \ll \nu_m$ treten Intensitätsanstiege bzw. -abfälle auf. Dieses Verhalten, insbesondere die Phasenverschiebung des Intensitätszuwachses bei unterschiedlichen Frequenzen, wurde in der Tat bei zahlreichen Radioquellen beobachtet (Abb. 7). Der im Abstand $D$ von der als homogene Kugel angenommenen Plasmawolke gemessene Strahlungsstrom $S_\nu$ (erg cm$^{-2}$ s$^{-1}$ Hz$^{-1}$) ergibt sich aus der Integration der Strahlungstransportgleichung

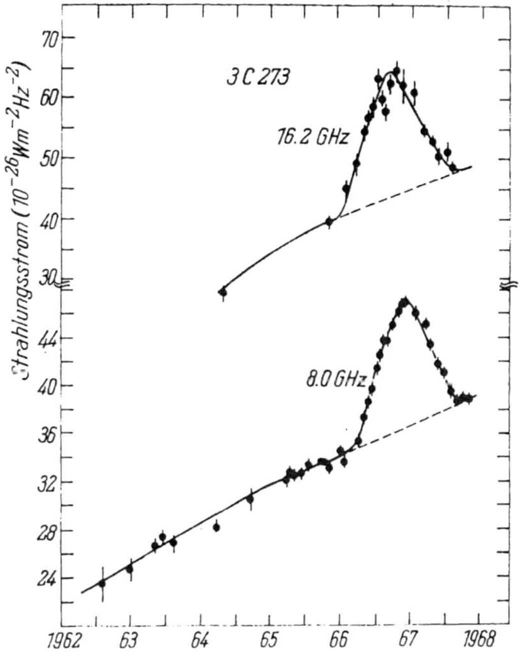


Abb. 7. Radioausbruch in 3 C 273 B.

mit den Emissions- und Absorptionskoeffizienten für Synchrotronstrahlung (Anhang I.2) zu

$$S = \left(\frac{r}{D}\right)^2 \frac{\pi j(\nu)}{a(\nu)} \left(1 + \frac{e^{-2ra(\nu)}}{ra(\nu)} + \frac{1}{2r^2a(\nu)^2}\,[e^{-2ra(\nu)} - 1]\right) \tag{7.2}$$

In den Grenzfällen einer optisch dicken ($ra \gg 1$) bzw. optisch dünnen ($ra \ll 1$) Quelle erhält man jeweils

$$S_\nu = \left(\frac{r}{D}\right)^2 \frac{\pi j(\nu)}{a(\nu)} = \text{const}\left(\frac{r}{D}\right)^2 \pi \cdot B^{-1/2}\nu^{5/2}, \tag{7.3}$$

$$S_\nu = \frac{8r}{3}\pi\, j(\nu) \left(\frac{r}{D}\right)^2. \tag{7.4}$$

Die zeitliche Variation der Parameter in Abhängigkeit vom Kugelradius $r$ ergibt sich aus den Bedingungen

(a) der Erhaltung des magnetischen Flusses:

$$B = B_0 (r/r_0)^{-2}, \tag{7.5}$$

(b) einer adiabatischen Energieabnahme der Elektronen bei der Expansion wie $1/r$:

$$\varepsilon = \varepsilon_0 (r/r_0)^{-1}, \tag{7.6}$$

(c) der Erhaltung der Teilchenzahl im mitbewegten Volumen:

$$r^3 \int n(\varepsilon)\, d\varepsilon = \text{const}. \tag{7.7}$$

Der Strahlungsstrom ändert sich damit in den beiden Grenzfällen einer optisch dicken bzw. dünnen Wolke wie

$$S_\nu(t) = \varrho^3 (r_0/D)^2 \frac{\pi \alpha}{\beta} B_0^{-1/2} \nu^{5/2}, \quad \varrho = \frac{r}{r_0} \tag{7.8}$$

bzw. wie

$$S_\nu(t) = \varrho^{-2p} (r_0/D)^2\, 2\pi \alpha r_0 K_0 B_0^{(p+1)/2} \nu^{-(p-1)/2}, \tag{7.9}$$

während die durch $a(\nu_m)\, r = 1$ definierte Synchrotron-Selbstabsorptionsfrequenz $\nu_m$ gemäß

$$\nu_m = \varrho^{-(4p+6)/(p+4)} B_0^{(p+2)/(p+4)} (r_0 \beta K_0)^{2/(p+4)} \tag{7.10}$$

mit wachsendem $\varrho$ abnimmt. Der Strahlungsfluß bei der Frequenz $\nu_m$ ergibt sich zu

$$S_{\nu_m} = 0{,}7\, \varrho^3 (r_0/D)^2 \frac{\pi \alpha}{\beta} B_0^{-1/2} \nu_m^{5/2}, \tag{7.11}$$

weiter ist

$$\frac{S_1}{S_2} = \left(\frac{\nu_1}{\nu_2}\right)^y, y = (7p + 3)/(4p + 6) \qquad (7.12)$$

das Verhältnis der Intensitäten bei zwei zu verschiedenen Zeiten auftretenden cut-off-Frequenzen $\nu_1, \nu_2$. Das Verhalten in der Nähe des Maximums des Strahlungsflusses wird durch eine etwas kompliziertere Gleichung beschrieben. Um die zeitliche Änderung von $S$ zu erhalten, ist ein Ansatz für die Expansionsgeschwindigkeit als Funktion der Zeit erforderlich. Mit $r/r_0 = (t/t_0)^a$ folgt $\dot{r} = v = r_0 a t^{a-1} t_0^a = a r/t$; $a = 1$ entspricht einer konstanten Expansionsrate. Die unbekannten Parameter dieses sehr einfachen, auf VAN DER LAAN zurückgehenden Modelles sind $a$, Wolkenradius, Magnetfeldstärke und Elektronenverteilung zu einer bestimmten Expansionszeit $t_0$. Es läßt sich zeigen, daß der in Abb. 8 dargestellte, 1966 begonnene Ausbruch in 3C 273B mit Hilfe dieser Theorie innerhalb der Fehlergrenzen beschrieben werden kann, wobei $a = 1{,}3$ (beschleunigte Expansion) und $p = 1{,}8$ gefunden wurden.

Die oben erwähnten *Schwierigkeiten hinsichtlich des inversen* COMPTON-*Effektes* bestehen jedoch auch hier, wie aus den folgenden Überlegungen hervorgeht. Die Forderung, daß die Synchrotronverluste der relativistischen Elektronen gegenüber den Verlusten infolge des inversen COMPTON-Effektes dominieren, verlangt eine Relation

$$t_c \ll t_s \qquad (7.13)$$

zwischen den entsprechenden Lebensdauern; ferner müssen beide Zeiten klein gegenüber der charakteristischen Expansionszeit $t$ der Wolke sein. Aus $t \gg t_s \sim (\varepsilon B)^{-2}$ folgt mit (I.14) etwa für Elektronen mit $\gamma = \varepsilon/mc^2 = 5 \cdot 10^4$, die das Maximum der Synchrotronstrahlung in Abb. 8 bei einer Frequenz von 16 GHz erzeugen, eine untere Grenze für die magnetische Feldstärke

$$B \ll 2 \cdot 10^{-2}\,\text{Gauß}, \tag{7.14}$$

wenn $t \sim 1$ Jahr angenommen wird. (Für höhere Frequenzen liegt die untere Grenze noch tiefer.) Andererseits muß das Magnetfeld auch hinreichend intensiv sein, damit die inversen COMPTON-Verluste der Elektronen an den Synchrotronphotonen nicht überwiegen. Die entsprechende Bedingung (7.13) ist zu

$$u = \frac{2\pi r}{c} \int j(\nu)\,\mathrm{d}\nu \ll \frac{B^2}{8\pi} \tag{7.15}$$

äquivalent, d. h., die Strahlungsdichte muß klein gegenüber der magnetischen Energiedichte sein. $u$ ist bei Integration über Frequenzen von $\nu_m$ bis $\nu^*$ (der Hauptanteil der Strahlungsdichte wird vom optisch dünnen Bereich geliefert) durch

$$u = \frac{4\pi r}{c} \alpha K B^{(p+1)/2} \nu^{*(3-p)/2}/(3-p) \tag{7.16}$$

gegeben. Eliminieren wir hier $K$ mittels (7.10), so erhalten wir

$$B^{5/2} \gg \frac{32\pi^2 \alpha \nu^{*(3-p)/2}}{\beta c (3-p)} \nu_m^{(p+4)/2}. \tag{7.17}$$

Mit den Daten $\nu^* \approx \nu_m = 16{,}2$ GHz sowie $p \approx 2$ für 3C 273B folgt als untere Magnetfeldgrenze für nichtdominierende COMPTON-Verluste

$$B \gg \sim 1\,\text{Gauß}. \tag{7.18}$$

Offensichtlich sind die beiden Bedingungen (7.14) und (7.18) für $B$ unverträglich. Der Schluß ist dann naheliegend, daß die Voraussetzung einer nichtrelativistischen Expansionsgeschwindigkeit falsch ist. Für $v \to c$ wird jedoch die vorliegende Theorie ungültig. Eine relativistische Behandlung des VAN DER LAANschen Modelles zeigte, daß sich in der Tat das Problem der COMPTON-Verluste hier löst. Der wesentliche Gedanke ist dabei, daß Prozesse im Ruhraum des irdischen Beobachters sich mit scheinbar größerer Geschwindigkeit abspielen als im Ruhraum der expandierenden Quelle. Die Schwierigkeiten einer „kurzen Zeitskala" treten nicht mehr auf und auch die Energieforderungen ermäßigen sich beträchtlich.

# III. Entwicklung der Metagalaxis

## 8. Hypothesen über den Urzustand der Metagalaxis

Die Extrapolation des physikalischen Zustandes der Metagalaxis bis zurück zur „kosmologischen Singularität" ist mit erheblicher Unsicherheit behaftet. Es war daher bedeutungsvoll, daß mit der Entdeckung der 3-K-Strahlung zum ersten Male ein *direkter Beobachtungshinweis* auf die von der relativistischen Kosmologie vorhergesagte *Existenz einer hochkomprimierten Phase der Metagalaxis in ihrer Vergangenheit* gegeben wurde. Zugleich besteht prinzipiell die Möglichkeit, die Gültigkeit physikalischer Theorien, insbesondere der allgemeinen Relativitätstheorie (wie hier angenommen, ohne $\Lambda$-Glied in den Feldgleichungen) auch für die prägalaktische Phase der Metagalaxis zu testen. Bis auf die extremsten Phasen der Materiekonzentration mit Längen von der Ordnung der PLANCKschen Elementarlänge $l = (hG/c^3)^{1/2} = 4 \cdot 10^{-33}$ cm, Dichten $\varrho = 8 \cdot 10^{92}$ g cm$^{-3}$ und Zeiten $t = 10^{-43}$ s, in denen die Quantenschwankungen der Geometrie von der Ordnung $\Delta g \sim 1$ werden und die Gravitationstheorie selbst quantisiert werden muß, gibt es keine aus der allgemeinen Relativitätstheorie selbst ersichtlichen Gründe, daß diese Theorie ungültig werden sollte. Die Thermodynamik gestattet dann die Aussage, daß in der im heißen Modell des Kosmos auftretenden kurzen ($t < 10^{-4}$ s) Phase sehr hoher Temperaturen ($T > 10^{12}$ K) ein lokales Gleichgewicht zwischen allen Elementarteilchen angenommen werden kann, da — trotz extrem kurzer Expansionszeiten — infolge der hohen Dichten und Temperaturen die Relaxationszeiten hinreichend klein sind und bei zunehmenden Temperaturen sogar relativ zur Zeitskala kleiner werden, wenn die Wirkungsquerschnitte für Elementarteilchen höchstens schwach mit der Energie abnehmen. Vorausgesetzt ist dabei ferner, daß nicht etwa ein sehr starkes Magnetfeld oder starke geometrische Anisotropieeffekte auftreten, die ein thermodynamisches Gleichgewicht verhindert oder modifiziert haben würden.

Zur Beschreibung dieses Gleichgewichts vgl. Ya. B. Zeldovich, Uspekhi fiz. nauk **89**, 647, 1966 und G. Dautcourt, G. Wallis, Fortschritte der Physik **16**, 545, 1968. Es handelt sich dabei zunächst um die Einstellung eines *lokalen* Gleichgewichts in dem Sinne, daß die Verteilungsfunktion der Photonen und anderen Elementarteilchen Gleichgewichtsverteilungen sind, während die makroskopischen Größen Temperatur, Dichte, Druck usw. noch räumlich variieren können, d. h., es tritt Relaxation im Impulsraum ein, dagegen nicht notwendig im Ortsraum. Ein gewisses primäres Spektrum von räumlichen Inhomogenitäten muß in den meisten gegenwärtigen Hypothesen der Galaxienbildung angenommen werden (s. Abschnitt 10). Eine Untersuchung der thermischen Entwicklung der prägalaktischen Materie würde sich nun relativ einfach gestalten, falls nur Gleichgewichtszustände auftreten würden, oder genauer gesprochen, solange die durch die Expansion des Raumes und seines Materieinhaltes infolge adiabatischer Impulserniedrigung der Partikel verursachten ständigen Abweichungen vom thermodynamischen Gleichgewicht in Relaxationszeiten, die klein gegenüber der Zeitdauer $R/\dot{R}$ ($R$ der expansionsbestimmende Skalenfaktor der homogen-isotropen Modelle) einer merklichen Änderung der Geometrie sind, wieder ausgeglichen werden können. In diesem Falle ist es möglich, den tatsächlichen Nichtgleichgewichtszustand näherungsweise durch eine Folge von Gleichgewichtszuständen zu ersetzen. Die Sachlage kompliziert sich, wenn die Relaxationszeit $\tau = (n\sigma v)^{-1}$ als Folge der wegen der Expansion wie $R^{-3}$ abnehmenden Dichten $n$ und/oder einer starken Temperaturabhängigkeit der Wirkungsquerschnitte so groß wird, daß die relativen Konzentrationen der einzelnen Teilchen nicht mehr durch die Bedingungen des statistischen Gleichgewichts bestimmt sind. Hier ist die Bilanz aller zu Teilchenumwandlungen führenden Einzel-Stoßprozesse mit ihren spezifischen Wirkungsquerschnitten zu betrachten. Bei weiterer adiabatischer Verdünnung und Abkühlung der Materie ändern sich dann die relativen Teilchenkonzentrationen nicht mehr: Die für Teilchenumwandlungen erforderlichen Schwellenenergien werden nicht mehr erreicht; es bildet sich ein „*eingefrorener*“ *Nichtgleichgewichtszustand* heraus.

Obwohl nur von Teilchenumwandlungen die Rede ist, gelten diese Bemerkungen für alle thermodynamischen Freiheitsgrade der Partikel. In einer typischen Situation bestehen bezüglich einiger der einen individuellen Partikelzustand kennzeichnenden Parameter (z. B. für Energie und Impuls der Translationsbewegung) Gleichgewichtsverteilungen, während gleichzeitig für andere Freiheitsgrade (z. B. das Befinden in angeregten atomaren oder molekularen Zuständen) Nichtgleichgewichtsprozesse betrachtet werden müssen und wieder andere Freiheitsgrade (z. B. die Möglichkeit von Kernreaktionen) bereits eingefroren sind. Bei der adiabatischen Abkühlung einer auf Temperaturen über $10^{12}$ K erhitzten prägalaktischen Materie mußte die Folge Gleichgewicht $\rightarrow$ dynamisches Nichtgleichgewicht $\rightarrow$ eingefrorenes Nichtgleichgewicht sukzessive von allen Freiheitsgraden in einer im wesentlichen durch ihre Anregungsenergien bestimmten Ordnung durchlaufen werden. Die Bildung der chemischen Elemente mit niedrigen Massenzahlen im Temperaturbereich von $5 \cdot 10^9$ K bis $10^8$ K nach ALPHER, BETHE und

Gamov (Abschnitt 9) ist das bekannteste und wichtigste Beispiel.

Andere Prozesse sind die als Nichtgleichgewichtsprozeß ablaufende Rekombination des prägalaktischen Plasmas in einem Temperaturintervall zwischen 4000 K und 3000 K, das Einfrieren der Elektron-Neutrinos bei $T \approx 2 \cdot 10^{10}$ K, der $\mu$-Neutrinos bei $T \approx 1{,}2 \cdot 10^{12}$ K und — gegenwärtig noch hypothetisch — zu sehr frühen Expansionszeiten die Abnahme der effektiven Quark-Wechselwirkungen bei der expansionsbedingten Degradierung thermischer Energien unter die Schwelle der Quark-Ruhmasse. Für ein elementares, eine vereinfachte Boltzmann-Gleichung benutzendes Modell primordaler Nichtgleichgewichtsprozesse s. Anhang II.2.

Um einige einfache quantitative Aussagen zu erhalten, nehmen wir homogen-isotrope Verhältnisse hinsichtlich der Verteilung und Bewegung der kosmischen Materie auch in den Frühzuständen der Metagalaxis an. Der Ablauf der physikalischen Prozesse ist dann durch die wenigen Gleichgewichtsparameter — etwa bei einer Temperatur oberhalb von $10^{12}$ K, bei der sich infolge der thermischen Existenz von $\mu$-Mesonen auch $\mu$-Neutrinos noch im Gleichgewicht befinden — festgelegt. Diese Parameter sind, neben dem die Photonendichte $\bar{n}_\gamma$ zu einem Zeitpunkt bestimmenden Temperaturwert $T$, die Baryonenzahldichte $b$ und die beiden Leptonenzahldichten $l_\mu$ und $l_e$. Die Dichten $b$, $l_\mu$, $l_e$ bleiben (im Unterschied zu $\bar{n}_\gamma$) im mitbewegten Volumenelement erhalten, d. h., es gilt

$$bR^3 = \text{const}\,, \quad l_\mu R^3 = \text{const}\,, \quad l_e R^3 = \text{const}\,. \tag{8.1}$$

Die Feldgleichungen (II.12) und (II.13) reduzieren sich auf

$$\frac{\dot{R}}{R} = \sqrt{\frac{8\pi G \varrho}{3}}\,, \tag{8.2}$$

$$\dot{\varrho} = -3(\varrho + p/c^2)\,\dot{R}/R\,, \tag{8.3}$$

wobei Energiedichte $\varrho c^2$ und Druck $p$ durch Gleichungen der Form (II.44) gegeben sind. Die Gleichungen (8.1)–(8.3) reichen zusammen mit (II.44) zur Bestimmung der Zeitabhängigkeit von $b, l_e, l_\mu, R$ und $T$ aus. Die ein Weltmodell der ROBERTSON-WALKER-Klasse fixierenden Anfangswerte von $b, l_e, l_\mu$ für ein gegebenes $T$ sind jedoch unbekannt. Die gewöhnliche, Asymmetrien in der Materie-Antimaterieverteilung zulassende Annahme ist $b \approx l_e$, $l_\mu \approx 0$ und Kleinheit aller dieser Dichten gegenüber der Photonendichte $\bar{n}_\gamma$. Eine verschwindende $\mu$-Leptonenzahldichte schließt daher nicht etwa $\mu$-Neutrinos als Bestandteil der primordalen Materie aus: Im Gleichgewicht werden gleiche Beträge von $\mu$-Neutrinos und Anti-$\mu$-Neutrinos erzeugt, die beim Ausfrieren aus dem thermischen Gleichgewicht wegen der geringen Reaktionsraten nicht annihilieren, sondern als wechselwirkungsfreies Neutrinogas neben dem Photonengas zur gravitationsfelderzeugenden Materie beitragen. Die Lage ist für die Elektronen-Neutrinos ganz ähnlich, da die durch eine kleine Leptonendichte $l_e$ hervorgerufenen Abänderungen der Neutrino-Gleichgewichtsdichten nicht ins Gewicht fallen. Andere Anfangsbedingungen, z.B. $l_\mu \gg \bar{n}_\gamma \gg b \approx l_e$ liefern einen Kosmos mit entarteten Neutrinos (Abschnitt 16). Von besonderem Interesse ist die ladungssymmetrische Bedingung $b \approx l_e \approx l_\mu \approx 0$, bei der im Mittel Materie und Antimaterie gleich verteilt sind. Eine genauere Analyse hat überraschenderweise gezeigt, daß in diesem Falle bei der Abkühlung keine vollständige Annihilierung der thermischen Teilchen-Antiteilchenpaare auftritt, d. h. kein reiner Strahlungskosmos resultiert, sondern räumliche thermische Fluktuationen von $b$ beiderlei Vorzeichens zu größeren Bezirken mit Materie bzw. Antimaterie wachsen können. Die gravitative Kontraktion dieser Bereiche könnte zur Bildung von Galaxien führen (Abschnitt 10).

Wir beschränken uns im folgenden auf eine kurze Diskussion des „Normalfalles“ $b \approx l_e$, $l_\mu = 0$. Eine korrekte Beschreibung hätte z. B. bei Temperaturen um $10^{12}$ K neben Photonen, thermisch erzeugten Elektron-Positron-Paaren und den vier Neutrinoarten auch $\mu$-Mesonen und bereits thermische $\pi$-Mesonen zu berücksichtigen. Für eine einfache Abschätzung begnügen wir uns mit den ruhmasselosen Teilchen. In diesem Falle liefern die Gleichungen (II.44), (II.45)

$$\varrho c^2 = 3p = \mu a T^4 \tag{8.4}$$

mit $\mu = 11/4$, $a$ ist die gewöhnliche Strahlungskonstante. Die Gleichungen (8.2), (8.3) integrieren sich damit zu

$$R = \text{const}\, t^{1/2}, \tag{8.5}$$

$$\varrho = \frac{3}{32\pi G} t^{-2} = 0{,}45\ 10^6\ t^{-2}\,[\text{gcm}^{-3}], \tag{8.6}$$

$$T = \left(\frac{3c^2}{32\pi a G\mu}\right)^{1/4} t^{-1/2} = 1{,}52\ 10^{10}\, t^{-1/2}\, \mu^{-1/4}\,[\text{K}]. \tag{8.7}$$

Bemerkenswerterweise enthält der durch (8.5) bis (8.7) beschriebene Tolmansche Strahlungskosmos keine freien Parameter (die Konstante in (8.5) ist unwesentlich). Die Gleichungen des Strahlungskosmos lassen sich solange anwenden, bis der in (8.4) vernachlässigte, wie $\varrho_b = m_b n_b = m_b R_0{}^3 n_b{}^0/R^3$ variierende Anteil der Teilchen mit Ruhmasse an der das Gravitationsfeld erzeugenden Energiedichte die schneller, wie $\varrho \sim T^{+4} \sim R^{-4}$, abfallende Strahlungsenergiedichte erreicht. Der Strahlungskosmos geht dann in einen normalen Materiekosmos über. Der Zeitpunkt dieses Übergangs entspricht etwa Strahlungstemperaturen zwischen $T = 3 \cdot 10^4$ und $3 \cdot 10^3$ K in Abhängigkeit von der Dichte der Materie mit Ruhmasse relativ zur Strahlungsdichte. Die durch diesen Übergang etwas geänderten Expansionsraten haben jedoch wenig Einfluß auf die sich in der prägalaktischen Materie abspielenden physikalischen Prozesse, falls keine erheblichen Abweichungen der Weltgeometrie von der eines Robertson-Walker-Modelles bestehen. Abgesehen von möglichen Relaxationen primordaler Dichteinhomogenitäten setzt — als wichtigster Prozeß — bei einer Temperatur von $T \approx 4000$ K die Rekombination des Plasmas ein. Erst nach der Rekombination konnten sich Galaxien bilden (Abschnitt 10).

## 9. Primordale Elementbildung

Bei Temperaturen oberhalb $10^{10}$ K befanden sich chemische Elemente im Gleichgewicht mit allen Elementarteilchen, ihre Konzentration war jedoch aus thermodynamischen Gründen außerordentlich gering. Mit der Abkühlung verschob sich das Konzentrationsverhältnis von Protonen und Neutronen gegenüber den leichten Elementen wie D, $He^3$, T, $He^4$ in Richtung auf eine Begünstigung dieser Elemente.

Die Aussagen der Gleichgewichtsstatistik sind hier nicht unmittelbar anwendbar, da sie voraussetzen, daß alle Reaktionen hinreichend schnell verlaufen, d. h., daß die mittleren freien Zeiten klein gegenüber dem Zeitintervall einer Änderung des thermodynamischen Zustands sind. Dies ist zwar für einige Kernreaktionen der Fall, *nicht* jedoch für die das Verhältnis Protonen : Neutronenkonzentration regelnden und durch *schwache* Wechselwirkungen vermittelten Reaktionen

$$p + \bar{\nu}_e \leftrightarrow n + e^+, p + e^- \leftrightarrow n + \nu_e, n \rightarrow p + e^- + \bar{\nu}_e. \quad (9.1)$$

Die relativen Konzentrationen von Neutronen $X_n$ und Protonen $X_p$ ($X_i$ ist durch $X_i = n_i/\Sigma n_i$ definiert), die im thermodynamischen Gleichgewicht nahezu gleich (nur durch den kleinen Massenunterschied etwas unterschiedlich) sind, sind entscheidend für die Bildung von Deuterium bei Temperaturen von der Ordnung $10^9$ K, wo der Deuterium produzierende Prozeß

$$n + p \rightarrow D + \gamma \quad (9.2)$$

gegenüber dem inversen Prozeß der Photodissoziation zum ersten Male überwiegt. $X_n$ (für $T = 10^9$ K) hängt wesentlich davon ab, mit welcher Geschwindigkeit die Entwicklungsphase vom Gleichgewichtszustand oberhalb $10^{11}$ K bis zu einer Temperatur $T = 10^9$ K durchlaufen wird. Erfolgte diese Entwicklung sehr rasch, so waren die schwachen Wechselwirkungsprozesse (9.1) nicht in der Lage, die Gleichgewichtskonzentration $X_n = 0{,}496$ der Neutronen wesentlich abzuändern. Bei relativ langer Dauer der Entwicklung ergibt sich eine u. a. durch den Zerfall freier Neutronen begünstigte wesentlich geringere Konzentration. Der Aufbau leichter chemischer Elemente vollzieht sich dann bis zum Helium $He^4$ über gemeinsam mit (9.2) zu betrachtende Deuterium-, Tritium- und $He^3$-Reaktionen

$$\mathrm{D} + \mathrm{D} \to \mathrm{He}^3 + n$$

$$\mathrm{D} + \mathrm{D} \to \mathrm{T} + p$$

$$\mathrm{He}^3 + n \to \mathrm{T} + p$$

$$\mathrm{T} + \mathrm{D} \to \mathrm{He}^4 + n\,.$$

Elemente mit höheren Massenzahlen werden nur in Spuren gebildet. Neben der schon genannten Abhängigkeit vom anfänglichen Neutronen-Protonen-Verhältnis hängt die resultierende Elementverteilung von dem (die Häufigkeit der Kernreaktionen bestimmenden) Absolutwert (etwa) der Protonendichte zu Beginn der Elementbildung ($T = 10^9$ K) sowie von der Expansionsrate ab, d. h. von der Dauer des Zeitraumes, in dem die Gleichgewichtstemperatur von Werten bei $10^9$ K auf Werte $5 \cdot 10^8$ K absinkt; für Temperaturen $T \approx 5 \cdot 10^8$ K ist die Elementbildung beendet, d. h. im wesentlichen die endgültige Konzentration der Elemente eingefroren. Eine ganze Reihe von Rechnungen wurden durchgeführt, um die eingefrorene Elementverteilung in Abhängigkeit von den genannten drei Faktoren zu studieren.

In einem Modell, in dem die Expansionsrate zwischen $10^{11}$ und $10^9$ K durch nichtentartete Neutrinos, Photonen und durch Elektron-Positron-Paare bestimmt ist, beträgt die relative Teilchenkonzentration der Neutronen bei der Temperatur $10^9$ K $X_n = 0{,}165$; die resultierende eingefrorene Massenkonzentration von $He^4$ ist 0,28 bzw. 0,26 in Abhängigkeit von der heutigen Materiedichte $\varrho_0 = 1{,}8 \times 10^{-29}\,\mathrm{g\,cm^{-3}}$ bzw. $\varrho_0 = 7 \cdot 10^{-31}\,\mathrm{g\,cm^{-3}}$; die Konzentrationen der übrigen Elemente sind bis auf die restlichen 72 bzw. 74 Gewichtsprozente des Wasserstoffs vernachlässigbar klein (Deuterium: $2{,}7 \cdot 10^{-5}$ bzw. $5 \cdot 10^{-5}$).

Die Abhängigkeit des gebildeten Prozentsatzes an Helium von der kritischen Neutronenkonzentration zu Beginn der Elementbildung bzw. von der Zeitskala vor dem Einsetzen der Elementbildung ist erheblich; es kann praktisch *jeder Wert für die eingefrorene Heliumkonzentration* erreicht werden, wobei allerdings in Kauf genommen werden muß, daß die Konzentration von Elementen wie Deuterium höher werden kann, als sie aus der normalen kosmischen Häufigkeitsverteilung der Elemente folgt (wo $X_D \approx 2 \cdot 10^{-4}$ ist). Abgesehen von einer Verkürzung der Zeitskala durch die eventuelle Existenz zusätzlicher gravitationsfelderzeugender Materie wie Gravitationsstrahlung und Magnetfelder oder auch durch Abweichungen der Geometrie von der Isotropie kann eine hohe kritische Neutronenkonzentration auch durch die Existenz einer großen Zahl von entarteten Elektronen-Antineutrinos (Abschnitt 16) erreicht werden, die die Neutronenbildung in der ersten Reaktion in (9.1) begünstigen. Umgekehrt kann eine durch eine hohe positive $l_e$-Leptonenzahldichte bedingte exzessive Zahl von Elektronneutrinos dazu führen, daß wenig Neutronen zum Aufbau von Deuterium zur Verfügung stehen, so daß nur sehr wenig Helium produziert wird.

Da praktisch keine schweren Elemente gebildet werden, muß die Elementsynthese in Frühphasen der metagalaktischen Entwicklung notwendig durch entsprechende Prozesse in Sternen oder möglicherweise auch in galaktischen Kernen oder in Quasaren *ergänzt* werden, um die *beobachteten Konzentrationen schwerer Elemente zu erklären.* Eine „explosive" Elementsynthese kann in der Tat, wenn die Expansion während der Elementbildung sehr rasch (um einen Faktor $\sim 10^3$ rascher als hier betrachtet) verläuft und anfängliche Neutronen-Protonen-Gleichheit bestand, auch die Konzentration schwerer Elemente (bis $S^{32}$) in alten galaktischen Sternen quantitativ erklären, deren Materie damit durch explosive Phasen gegangen sein könnte. — Von der Beobachtung her ist die Frage nach dem Heliumgehalt der Sternmaterie vor Beginn der stellaren Elementumwandlungen schwer zu beantworten, da eine spektroskopische Bestimmung der Heliumkonzentration in den in Kugelhaufen konzentrierten ältesten metallarmen Sternen der Galaxis mangels Linien im optisch zugänglichen Spektralbereich schwierig ist und indirekte Methoden über die Theorie der Sternentwicklung zu viele Parameter enthalten. Plausible Abschätzungen sind mit 27% He in Einklang mit den kosmologischen Voraussagen im Falle des „Normalmodells" ($b \approx l_e, l_\mu \approx 0$).

## 10. Galaxienbildung

Eines der entscheidendsten Kriterien der relativistischen Kosmologie ist ihre Fähigkeit, das heute beobachtete *Spektrum von Materiekonzentrationen* zu erklären, das von möglichen „Superhaufen" über Galaxienhaufen, Einzelgalaxien, Kugelsternhaufen, galaktische Haufen bis zu Sternen reicht. Die Vermutung liegt nahe, daß in bestimmten kritischen Epochen der prägalaktischen Entwicklung, insbesondere bei Phasenumwandlungen (wie Annihilierung der $e^+e^-$-Paare, Bildung der chemischen Elemente oder Rekombination des Plasmas) Instabilitäten auftraten, die ein bereits vorhandenes Spektrum von Baryonen-Fluktuationen verstärkt haben. Bisherige Rechnungen gaben jedoch keinen Anlaß zu der Annahme, daß außer der JEANSschen Instabilität im Falle isothermer Dichtestörungen, einer analogen Instabilität für adiabatische Störungen und möglicherweise auch thermischen Instabilitäten noch andere Typen von Instabilitäten eine Rolle spielten. — Das „primordale" Spektrum von räumlichen Fluktuationen der prägalaktischen Materie, von dem die bisherigen Theorien der Galaxienbildung ausgehen, ist uns z. Z. *vollständig unbekannt*. Im Prinzip konnte *jede* der Größen, die den thermodynamischen Zustand kennzeichnen, unabhängig von den anderen räumliche Fluktuationen zeigen. Dazu gehören die Temperatur, die Baryonendichte, die nach der Hypothese von HARRISON und im Sinne eines ladungssymmetrischen Universums auch um den Wert Null schwanken kann (negative Dichten entsprechen der Antimaterie), die Leptonendichten, die Eigenfreiheitsgrade des Gravitationsfeldes (d. h. Gravitationswellenamplituden), eine makroskopische, über die HUBBLE-Bewegung hinausgehende „Pekuliar"-Bewegung der Materie, die Amplituden von Magnetfeldern usw. Einschränkungen, die in jedem Spezialfall gesondert zu diskutieren sind, ergeben sich aus der Relaxationsmöglichkeit einer Reihe von Fluktuationen. Ein geometrischer Effekt spielt hierbei eine wesentliche Rolle. Der homogen-isotrope TOLMANsche Strahlungskosmos gehört zu den Weltmodellen mit Ereignishorizonten (Anhang II). Fluktuationen außerhalb des Horizontes haben daher prinzipiell keinen kausalen Einfluß auf Fluktuationen innerhalb des Horizontes und sind unabhängig voneinander. Die innerhalb des Horizontes liegende Baryonenmasse hängt gemäß

$$M/M_\odot = 6{,}2 \cdot 10^{28}\,(\varrho_0/10^{-30})/T^3 \qquad (10.1)$$

von der Temperatur ab und wird für hohe Temperaturen sehr klein. Eine Relaxation des Fluktuationsspektrums durch hydrodynamische Dissipationsprozesse kann — wenn überhaupt — erst für Fluktuationslängen eintreten, die *innerhalb der Entfernung zum Horizont* liegen. Dies schränkt die Möglichkeit der Dämpfung großräumiger Fluktuationen erheblich ein. Für Massen von der Ordnung von Galaxienhaufen, $M \sim 10^{15}\, M_\odot$, muß z. B. $T < 4 \cdot 10^4\, (\varrho_0/10^{-30})$ K gelten, damit eine „kausale Durchdringung" möglich wird.

Das einfachste Modell besteht aus isothermen Dichtestörungen, die in einem homogenen Strahlungsfeld eingebettet sind. Störungen dieser Art werden als „Entropiestörungen" bezeichnet, da die auf ein Baryon bezogene Entropiedichte, $a T^3/n_b$, im Unterschied zu den adiabatischen Störungen nicht ungeändert bleibt. Das Verhalten von Dichtestörungen dieses Typs wird durch eine NAVIER-STOKESsche Gleichung beschrieben, in die als wesentlicher Dissipationsterm eine von der COMPTON-Streuung der Strahlung durch freie Elektronen herrührende „Strahlungsreibungskraft" eingeht. Dieser Kraftterm, der in früheren Ansätzen (vor der Entdeckung der 3-K-Hintergrundsstrahlung) fehlt, bewirkt, daß eine merkliche Verstärkung der Dichtefluktuationen zu Werten $\delta\varrho/\varrho \gg 1$ erst dann eintreten konnte, nachdem die prägalaktische Materie bei etwa 4000 K rekombinierte. Wird die Dichte durch einen Ansatz

$$\varrho = \bar{\varrho}\,(1 + \Phi) \tag{10.2}$$

dargestellt, in dem $\Phi \ll 1$ ist, und entwickelt man $\Phi$ in FOURIER-Komponenten $\Sigma \delta_k e^{i\mathbf{kx}}$, so gilt für eine FOURIER-komponente die aus den NAVIER-STOKESschen Gleichungen folgende Relation

$$\ddot{\delta} + \left(\frac{3\sigma a T^4}{m_p c} + \frac{2\dot{R}}{R}\right)\dot{\delta} = \left(4\pi G\varrho - 8\,\frac{\pi^2 k T}{m_p \lambda^2}\right)\delta. \tag{10.3}$$

Die Wellenlänge $\lambda = 2\pi/|k|$ variiert im Laufe der Expansion wie $1/R$, so daß die beiden Terme auf der rechten Seite von (10.3) in gleicher Weise (wie $R^3$) von $t$ abhängen. Werden lediglich gravitative Einflüsse betrachtet (formal bedeutet dies $T = 0$ in (10.3)), so folgt z. B. im EINSTEIN-DE-SITTER-Modell mit $R = (t/t_0)^{2/3}$ ein Anwachsen der Fluktuationen wie $\delta \sim t^{2/3}$; ein ähnliches schwaches Anwachsen mit einer kleinen Potenz von $t$ ergibt sich im Strahlungskosmos für die Fluktuationen des Strahlungsfeldes. Bei Berücksichtigung des Gasdruckes (letzter Term in (10.3)) folgt, daß Materiefluktuationen wachsen, wenn $\lambda$ den kritischen Wert

$$\lambda_c = \left(\frac{2\pi k T}{G \varrho m_p}\right)^{1/2}, \tag{10.4}$$

die JEANS-*Länge* übersteigt, sie oszillieren — wegen der zu $\dot{\delta}$ proportionalen dissipativen Terme in (10.3) mit abnehmender Maximalamplitude —, wenn $\lambda < \lambda_c$ ist. Der von der Strahlungsreibung herrührende dissipative Term in (10.3) wächst mit $T$ rascher an als die rechte Seite, die daher — für eine vorgegebene Fluktuationslänge — für hinreichend frühe Entwicklungsphasen zu vernachlässigen ist. Die Lösung lautet dann bei Vernachlässigung des gravitativen Terms $\delta R/\dot{R}$ — der erst kurz vor der Rekombinationsphase mit der Strahlungsreibung vergleichbar wird —

$$\delta = \delta_1 + \dot{\delta}_1 \int\limits_{t_0}^{t} e^{\frac{\alpha}{t} - \frac{\alpha}{t_1}} \, dt \tag{10.5}$$

mit $\alpha = t^2 \dfrac{3\sigma a}{4 m_p c} T^4 = \text{const.}$ Ein anfängliches Anwachsen von $\delta$ (für $\dot{\delta}_1 > 0$) wird im Laufe der Zeit immer kleiner, da der Exponentialfaktor $e^{-\alpha/t_1}$ zu wirken beginnt. — Eine solche Betrachtung von primordalen Dichtefluktuationen ist natürlich unvollständig und soll hier nur zur Illustration dienen. Insbesondere in frühen Entwicklungsphasen der Fluktuationen müssen *zahlreiche andere Dissipationsfaktoren* berücksichtigt werden, z. B. die von MISNER hervorgehobene Neutrinoreibung beim Ausfrieren der Elektron-Neutrinos aus dem Elementarteilchen-Gleichgewicht, die Entwicklung von Stoßwellen, Turbulenzphänomene usw.

Nach der Rekombination des prägalaktischen Plasmas ist der Strahlungsreibungsterm praktisch nicht mehr vorhanden; für Wellenlängen, die die JEANS-Länge übersteigen, kann daher Kontraktion einsetzen. Der Wert der JEANS-Länge nach der Rekombination ist $\lambda_c \approx 2{,}1 \cdot 10^{19} \left(\frac{100}{H_0}\right) \Big/ \sqrt{2q_0}$ [cm], die in einer Kondensation von der Ausdehnung der JEANS-Länge enthaltene Masse ist von der Ordnung

$$M/M_\odot \approx \lambda_c^3 \varrho \approx 3{,}5 \cdot 10^5 \frac{100}{H_0\sqrt{2q_0}}. \qquad (10.6)$$

Diese Masse entspricht etwa der Masse von *Kugelhaufen.* Es ist eine naheliegende Hypothese, die Existenz der Kugelhaufen auf die Kondensation einiger dieser „Entropie-Störungen" zurückzuführen. Nach ZELDOVICH bildeten sich aus den Fluktuationen „Ursterne", die sich wegen ihrer hohen Massen rasch entwickelten und in der Lage waren, die restliche prägalaktische Materie aufzuheizen. Thermische Instabilitäten dieser Materie konnten dann möglicherweise zur Bildung der normalen Galaxien und Galaxienhaufen Anlaß gegeben haben. Nach PEEBLES könnten die Gaswolken mit ihren $10^5-10^6$ Sonnenmassen gravitativ gebundene Systeme gebildet haben, die dann zu massiveren „Protogalaxien" kollabiert sein sollten. Diese verschiedenen Vorstellungen, die durch eine Reihe anderer (z. B. andere Arten primordaler Fluktuationen annehmende) ergänzt werden könnten, zeigen, daß der Prozeß der Galaxienbildung gegenwärtig noch nicht klar verständlich ist. Es sollte jedoch betont werden, daß die physikalischen Vorgänge in jenen Phasen der metagalaktischen Entwicklung, in denen eine Galaxienkondensation auftreten konnte, *im Prinzip durchaus beherrschbar* sind. Die Schwierigkeiten liegen im unbekannten Anfangszustand und natürlich in der allgemeinen Komplexität des Problems.

## 11. Verteilung und Entwicklung von Galaxien und Radioobjekten

Aussagen über die physikalischen Bedingungen zu frühen Entwicklungsepochen des Kosmos lassen sich aus der elektromagnetischen Hintergrundsstrahlung gewinnen (Abschnitte 12, 13, 15). Sie werden aber auch von solchen kosmischen Objekten geliefert, die wie Quasare und Radiogalaxien nach Ausweis ihrer Rotverschiebung oder ihrer Helligkeit aus weiten Entfernungen bzw. sehr frühen Phasen der kosmischen Entwicklung stammen. Eine Rotverschiebung $z$ entspricht etwa im EINSTEIN-DE-SITTER-Kosmos einem „Weltalter" $t = t_0(1 + z)^{-3/2}$. Für $z = 2$ ist $t = 1,25 \cdot 10^9$ Jahre, d. h., entfernte Quasare haben vor einem Zeitraum von $t_0 - t \approx 5{,}25 \times 10^9$ Jahren existiert, der dem heutigen Weltalter ($t_0 = 6{,}5 \cdot 10^9/(\mathrm{H}/100)$ Jahre im EINSTEIN-DE-SITTER-Modell) sehr nahe kommt. Statistische Eigenschaften der QSO und Radioquellen, vor allem Korrelationen zwischen den Rotverschiebungen und optischen sowie Radiohelligkeiten, Zählungen dieser Objekte bis zu bestimmten scheinbaren Grenzhelligkeiten, Durchmesser-Helligkeits- und Durchmesser-Rotverschiebungsrelationen geben Hinweise auf das in der Metagalaxis realisierte kosmologische Modell, ermöglichen es im Prinzip aber auch, Aussagen über die Entwicklung der Quasare und Radioobjekte zu erhalten. Leider sind die beiden Effekte der „Entwicklung" von Quellen und des kosmologischen Modells schwer zu trennen, so daß der anfänglich vielversprechende Test von Weltmodellen mit Hilfe von Quasaren oder mit radioastronomischen Methoden bisher im wesentlichen erfolglos blieb.

Eine Reihe von Beobachtungstatsachen haben gezeigt, daß Radiogalaxien und Quasare sehr wahrscheinlich miteinander und vermutlich mit Galaxien überhaupt genetisch zusammenhängen. Wie eine einfache Abschätzung zeigt, tritt das Quasar-Phänomen so häufig auf, daß möglicherweise sogar jede elliptische Galaxie (mit einer Raumdichte von $\varrho_g = 10^{-3}\,\mathrm{Mpc}^{-3}$) ein Quasarstadium durchlaufen haben könnte. (Die intensive optische Strahlung des Quasars macht die Feststellung einer zugehörigen Galaxie für weiter entfernte Objekte unmöglich, zumal die frequenzintegrierte Flächenhelligkeit wie $(1 + z)^{-4}$ mit wachsender Rotverschiebung $z$ abnimmt, Anhang II.3.) In diesem Falle gilt mit $t_0$ als Weltalter, $\varrho_Q$ als Quasardichte und $\mathfrak{T}_q$ als mittlere Lebensdauer eines Quasars die Relation $\varrho_Q t_0 = \varrho_g \mathfrak{T}_Q$, die mit $t_0 = 10^{10}$ Jahren für eine Lebensdauer $\mathfrak{T}_Q \approx 2 \cdot 10^4$ Jahre gerade die beobachtete Dichte $\varrho_Q = 2 \cdot 10^{-9}\,\mathrm{Mpc}^{-3}$ liefert. Eine analoge statistische Abschätzung zeigt jedoch, daß sich nicht an jedes Quasar-Stadium eine Phase als Radiogalaxie anschließen kann: Wird eine (beliebig zeitabhängige) Erzeugungsrate von Quasaren $q(t)$ angenommen, so wären die Raumdichten $\varrho_Q$ und $\varrho_{RG}$ der Quasare und Radiogalaxien durch

$$\varrho_Q = \mathfrak{T}_Q q, \quad \varrho_{RG} = \mathfrak{T}_{RG} q$$

mit ihren entsprechenden Lebensdauern verknüpft, wenn die Lebensdauern klein gegenüber dem Weltalter $t_0$ bzw. der Zeit sind, in der sich $q(t)$ merklich ändert. Die von der Erzeugungsrate unabhängige hieraus folgende Relation $\varrho_Q/\varrho_{RG} = \mathfrak{T}_Q/\mathfrak{T}_{RG}$ ergibt mit Werten $\varrho_Q \approx 2 \times 10^{-9}\,\mathrm{Mpc}^{-3}$, $\varrho_{RG} = 0{,}7 \cdot 10^{-5}\,\mathrm{Mpc}^{-3}$, die der kosmischen Gegenwart entsprechen, für die wahrscheinlichsten Quasarlebenszeiten von $\mathfrak{T}_Q \approx 10^5$ Jahren zu hohe Radio-Lebenszeiten von $\mathfrak{T}_{RG} = 3{,}5 \cdot 10^8$ Jahren; bei der Lebensdauer eines „Radioausbruches" von $10^6$ Jahren müßten somit einige $10^2$ Ausbrüche im Leben einer Radiogalaxie auftreten, sofern sich das Radiogalaxie- und das Quasarphänomen auf den gleichen Kreis von Galaxien erstreckt.

Obwohl die „genetischen" Beziehungen der Quasare zu Radiogalaxien noch nicht geklärt sind, bestehen soviel Ähnlichkeiten insbesondere hinsichtlich ihrer langwelligen Radioeigenschaften, daß man ähnliche Modellvorstellungen für beide Klassen von Objekten zugrunde legen kann. Ein plausibles Modell könnte dann von einer *Explosion im Kern einer Galaxie* ausgehen, bei der relativistische Elektronen und Protonen möglicherweise zusammen mit ihren Magnetfeldern in zwei entgegengesetzte Richtungen in Form von expandierenden Plasmawolken mit Geschwindigkeiten ausgeschleudert werden, die der Lichtgeschwindigkeit nahekommen können (vgl. Abschnitt 7 für die Frühgeschichte einer solchen Explosion). Die Entwicklung der Quellen in einer Phase I, in der der ständig wachsende Durchmesser der Wolken höchstens von der Größe $10^3$—$10^4$ pc der Galaxie ist und Wechselwirkungen mit der galaktischen Materie auftreten können, ist theoretisch etwas verwickelt. In der Phase II, in der die Wolken bereits im metagalaktischen Medium expandieren, sind die die Entwicklung hauptsächlich bestimmenden Faktoren die Wechselwirkung mit dem intergalaktischen Medium und der inverse COMPTON-Effekt der Elektronen mit dem intergalaktischen Medium. Wie eine nähere Untersuchung zeigt, wirken sich die Effekte so aus, daß (*a*) die Wolkenexpansion im dichten intergalaktischen Medium (für große $z$-Werte) gebremst wird, so daß die zu einer negativen Potenz des Wolkenradius $r$ ($r^{-2p}$, s. (7.9)) proportionale Synchrotronemission weniger schnell mit der Zeit abfällt und (b) bei sehr großen Rotverschiebungen ($z = 3$—$4$) die Energieverluste der Elektronen durch den inversen COMPTON-Effekt so hoch sein können, daß bereits die in die Phase I eintretenden Wolken keine Synchrotronstrahlung mehr emittieren. Als Funktion derjenigen Rotverschiebung $z$, die dem Zeitpunkt ihrer Entstehung entspricht, wächst somit die mittlere Helligkeit einer Radioquelle zunächst an, um dann nach einem „cut-off-Wert“ von $z$ stark abzufallen.

Es ist interessant, daß die von den großen Radioobservatorien — hauptsächlich in Cambridge (England) und Parkes (Australien) — durchgeführten Zählungen von Radioquellen eine ganz ähnliche Interpretation zulassen. Die für den Nordhimmel wichtigsten Radioquellenverzeichnisse sind die Cambridger 3C-, 4C- und (in ausgewählten Feldern) 5C-Kataloge, die bei den Frequenzen 178 MHz bzw. 408 MHz (5C) alle Quellen bis herunter zu den (monochromatischen) Grenzhelligkeiten $S = 9$ f. u. beim 3C[1]), 2f. u. beim 4C und $10^{-2}$f. u. für die meisten Quellen der 5C-Kataloge erfassen. Die hieraus entnommenen Beziehungen zwischen $N$ und $S$ ($N$ die Zahl der Quellen pro Raumwinkeleinheit mit einem $S$ übersteigenden Strahlungsstrom) ist in Abb. 8 logarithmisch dargestellt; $N$ wurde dabei durch $N_0 = \frac{4\pi}{3}\,\varrho(P)\ \ (P/S)^{3/2}$

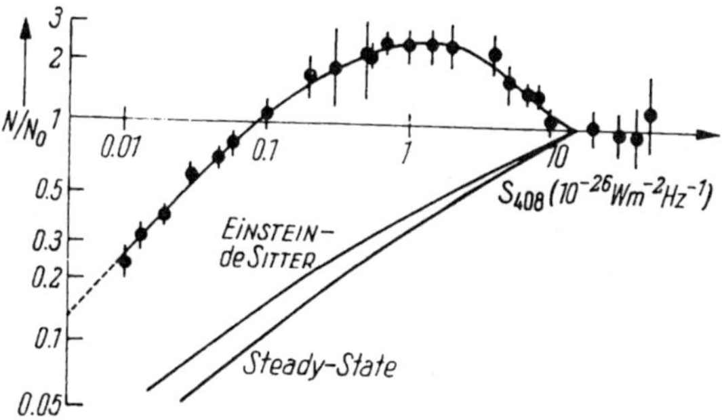


Abb. 8. Zählungen von Radioquellen, durchgeführt vom Cambridger Mullard-Observatorium.

— die in einem statischen euklidischen Universum mit räumlich und zeitlich konstanter Quelldichte $\varrho(P)$ bis zu einer Grenzhelligkeit $S$ beobachtete Zahl von Radioquellen der absoluten Helligkeit $P$ — normiert. Gegenüber der entsprechenden Relation in einem EINSTEIN-DE-SITTER-Universum (oder auch einem anderen Weltmodell mit verschwindender oder negativer $\Lambda$-Konstante) *ohne* Entwicklungseffekte der Radiohelligkeitsfunktion (Anhang II.3c) tritt zunächst ein stärkeres Anwachsen der Quellen-

[1]) 1f. u. (flux unit) entspricht einem Strahlungsstrom von $10^{-26}$ Watt m$^{-2}$ Hz$^{-1}$.

zahl auf, das dann von einem Abfall abgelöst wird. Der Schluß von den Quellzählungen auf die zeitliche Änderung der Helligkeitsfunktion ist nicht eindeutig, auch wenn die zusätzliche Bedingung berücksichtigt wird, daß die zur Radio-Hintergrundsstrahlung beitragende überlagerte Emission schwacher Quellen die beobachteten Werte (Abschnitt 5) nicht übersteigen darf. Der durch die Beobachtungen geforderte Entwicklungseffekt ist stärker als sich aus dem oben kurz skizzierten Modell für eine Radioquelle der Phase II von selbst ergibt. Ein einfaches, die Beobachtungen im wesentlichen darstellendes Modell von LONGAIR nimmt an, daß — im EINSTEIN-DE-SITTER-Universum — nur die intensivsten Radioquellen mit einer (gegenwärtigen) Emission von $P_{\nu} > 2{,}5 \cdot 10^{25}$ W ster$^{-1}$ s$^{-1}$ eine zu $t^{-2,2}$ proportionale „Helligkeitsentwicklung“ in dem Sinne zeigen, daß die zu den verschiedenen Epochen entstandenen Radioquellen auch unterschiedliche, nach einem solchen Gesetz geregelte „mittlere“ Helligkeiten besitzen. Ferner existiert ein „cut-off‘ der Quellen bei einer Rotverschiebung $z \approx 3$, der vermutlich der Wirkung des inversen COMPTON-Effektes zuzuschreiben ist. — Entwicklungseffekte ganz ähnlicher Art lassen sich auch feststellen, wenn die Verteilung von Quasaren *allein* betrachtet wird. Es lag nahe, die auffällige Verringerung der Quasarzahlen für Rotverschiebungen oberhalb von $z = 2$ ähnlich wie bei Radioquellen als einen Absorptionseffekt zu deuten, wobei sich in erster Linie die Ly $\alpha$-Absorption durch — in so frühen Phasen möglicherweise noch nicht reionisierten — neutralen intergalaktischen Wasserstoff (Abschnitt 12) anbot. Die kürzliche Entdeckung einer quasistellaren Radioquelle mit der Rekord-Rotverschiebung $z = 2{,}877$ läßt jedoch eher an eine echte (durch verminderte „Erzeugungsraten“ bewirkte) Verringerung der Quelldichte denken.

## 12. Die thermische Komponente der intergalaktischen Materie

Es ist nicht sicher, daß gasförmige und gleichförmig verteilte intergalaktische Materie (i.M.) mit einer der verschmierten Dichte der Galaxien $\varrho \approx 3 \cdot 10^{-31}$ g cm$^{-3}$ vergleichbaren oder diese sogar wesentlich übersteigenden Dichte überhaupt existiert. Ein positiver Hinweis ist die $q_0$-Diskrepanz: Bei einer HUBBLE-Konstanten $H_0 = 100$ km/s/Mpc folgen mit $\varrho = 3 \cdot 10^{-31}$ g cm$^{-3}$ sehr niedrige Werte von $q_0 (q_0 \approx 0{,}08)$, während die aus der Rotverschiebungs-Helligkeitsrelation abgeleiteten Werte durchweg höher liegen ($q_0 = 1{,}5$) und Dichten von $\varrho \approx 6 \cdot 10^{-29}$ gcm$^{-3}$ erfordern würden. Obwohl Entwicklungseffekte bei Galaxien eine Verringerung von $q_0$ ergeben können, scheint eine echte Diskrepanz vorzuliegen, die bei der Annahme gasförmiger intergalaktischer Materie (oder irgendeiner anderen Form von Materie, vgl. die Abschnitte 16 und 17) genügend hoher Dichte beseitigt wäre. Es ist aber wenig verständlich, warum nur ein Bruchteil der prägalaktischen Materie zu Galaxien kondensiert sein sollte. Diese Schwierigkeit tritt hauptsächlich in einem homogenen Modell auf: Die intergalaktische Materie könnte — wie die interstellare — in Form einer Wolkenstruktur vorliegen, die ihren Ursprung dem gleichen Kondensationsprozeß verdankt wie die Galaxien, bei der es aber aus irgendwelchen Gründen nicht zu stärkerer Kondensation und damit zur Bildung von galaktischen Strukturen kam. — Beobachtungen verschiedener Art liefern eine Reihe von teilweise empfindlichen Einschränkungen und Parameterfestlegungen für theoretische Modelle der intergalaktischen Materie:

### *a) Absorption in Quasarspektren*

Die elektromagnetische Strahlung weit entfernter Objekte, wie z. B. der Quasare, kann durch Absorption in der intergalaktischen

Materie beeinflußt sein. Die in zahlreichen QSO gefundenen Absorptionslinien könnten z. B. in wolkenartigen Verdichtungen der i. M. entstanden sein, möglicherweise aber auch in der Zwischenhaufen-Materie beim Durchlaufen von Galaxienhaufen. Das Profil der Absorptionslinien würde dann wertvolle Hinweise auf den physikalischen Zustand der i. M. geben.

Eine sehr genaue Aussage über die Konzentration des atomaren Wasserstoffs im intergalaktischen Raum liefert die *starke Absorption von* Lyman-*α-Strahlung durch* H-*Atome,* wie von Gunn und Peterson, Scheuer und Schklowski bemerkt wurde. Infolge der Rotverschiebung rücken bei der Ausbreitung des Quasarlichtes immer höhere Frequenzen des Spektrums in den Bereich der Lyman-α-Wellenlänge $\lambda_a = 1210$ Å, in dem sie von neutralem Wasserstoff absorbiert werden können. Das irdische Spektrum enthält dann auf der violetten Seite von Ly α ein Absorptionskontinuum. Unter Benutzung von (II.55) kann mit dem Absorptionskoeffizienten

$$a(\nu) = \frac{\pi e^2 f}{mc}\, n_H \cdot g(\nu - \nu_a) \tag{12.1}$$

($f = 0{,}416$ die Oszillatorenstärke und $g(\nu - \nu_a) \approx \delta(\nu - \nu_a)$ das Absorptionsprofil; $\nu_a = c/\lambda_a$) nach elementarer Integration

$$S_\nu = \begin{cases} \tilde{S}_\nu \exp\left(-\dfrac{K\nu_a}{\nu^2}\,[1 + 2q_0\nu_a/\nu - 2q_0]^{-1/2}\right) & \cdots (1+z)^*\,\nu > \nu_a \\ \tilde{S}_\nu & \cdots (1+z^*)\,\nu < \nu_a \end{cases} \tag{12.2}$$

geschrieben werden, wobei $K = \pi e^2 n_H{}^0 f/m H_0$ ist und $n_H{}^0$ die gegenwärtige Dichte derjenigen Atome darstellt, die in einer $z$ entsprechenden Epoche in Form von neutralem Wasserstoff existierten. Ein Vergleich des Kontinuums bei 3C 9 ($z = 2{,}012$) vor und hinter der Ly α-Linie zeigte, daß praktisch keine Absorption vorhanden ist, so daß aus $K < \nu_a \sqrt{1 + 2q_0 z}\,/\,(1+z)^2$ (wobei $1 + z = \nu_a/\nu$) mit $q_0 = {}^1/_2$

$$n_H < 6 \cdot 10^{-11}\ \text{cm}^{-3} \tag{12.3}$$

für die Dichte $n_H = n_H{}^0(1+z)^3$ des neutralen Wasserstoffs in der Umgebung von 3C 9 folgt. Wenn intergalaktischer Wasserstoff existiert, so müßte er zu einer $z \approx 2$ entsprechenden Epoche vollständig ionisiert sein, denn auch in molekularer Form kann

Wasserstoff nicht auftreten: Aus der Nichtexistenz von Absorption im LYMAN-Band des molekularen Wasserstoffs ergibt sich in ähnlicher Weise die Aussage, daß Wasserstoff in Molekülform nur eine Dichte von höchstens $4{,}2 \cdot 10^{-9}\,\mathrm{cm}^{-3}$ in der Umgebung von $z \approx 2$ aufweisen kann.

Eine andere Beeinflussung der Strahlung diskreter Quellen erfolgt durch die Streuung an möglichen freien Elektronen der ionisierten Komponente der i. M., und zwar gleichmäßig für optische Quasare als auch für Radioquellen, da der Streuquerschnitt in guter Näherung frequenzunabhängig ist. Mit $S_\nu{}^0$ als einfallendem Strahlungsstrom ohne Berücksichtigung der Elektronenstreuung gilt dann mit (I.9) und (II.55)

$$S_\nu = S_\nu{}^0 \exp\left( - \frac{\bar{n}_0 c \sigma_{\mathrm{T}}}{H_0} \int\limits_0^z \frac{r(z)\,(1+z)\,\mathrm{d}z}{\sqrt{1+2q_0 z}} \right), \tag{12.4}$$

wo $r(z)$ der Ionisationsgrad und $\bar{n}_0$ die (heutige) Gesamtdichte des intergalaktischen Wasserstoffs (ionisiert und nichtionisiert) ist. In Größenklassen ($m = -2{,}5 \lg \int S_\nu \varphi(\nu)\,\mathrm{d}\nu + \mathrm{const}$, $\varphi(\nu)$ die Empfindlichkeitsfunktion der Meßapparaturen) ausgedrückt, folgt bei konstantem Ionisationsgrad $r$:

$$m = m_0 + \frac{0{,}05 \cdot r}{q_0} \frac{H_0}{100} \left[\sqrt{1+2q_0 z}\,(q_0 z + 3q_0 - 1) + 1 - 3q_0\right]. \tag{12.5}$$

Die Entwicklung für kleine $z$ ergibt bei Berücksichtigung der Tatsache, daß $m_0$ ebenfalls von $z$ abhängt, mit $r = 1$:

$$m = 5 \lg z + 1{,}086\,(1 - 0{,}87\,q_0)\,z + O(z^2) + \mathrm{const} \tag{12.6}$$

($H_0^{-1} \approx 10^{10}$ Jahre). Diese Relation enthält gegenüber derjenigen ohne Berücksichtigung von Elektronenstreuung einen Faktor 0,87 statt 1. Dies bedeutet, daß der Effekt der Elektronenstreuung bereits die klassische $q_0$-Bestimmung beeinflußt, so daß der beobachtete $q_0$-Wert von $1{,}5 \pm 0{,}3$ zu $1{,}7 \pm 0{,}3$ korrigiert werden muß. Für große $z$ wird der Effekt erheblicher; er liefert jedoch für mäßige Rotverschiebungen keinen scharfen cut-off der beobachteten Quellenzahlen. Erst für $z = 6{,}6$ erreicht (bei $q_0 = {}^1\!/_2$) die Differenz der scheinbaren Größen einen Wert von einer Größenklasse (für große $q_0$ sind die Differenzen bei gleichem $z$-Wert wesentlich größer).

### *b) 21-cm-Linie*

Neutraler atomarer intergalaktischer Wasserstoff läßt sich im Prinzip auch mit Hilfe der bei einem Hyperfeinstruktur-Übergang emittierten *21-cm-Linie des neutralen Wasserstoffs* nachweisen, etwa durch Feststellung eines Absorptionsprofils im Radiokontinuum einer extragalaktischen Radioquelle. Die Absorptionstiefe $\tau$ (definiert durch $S_\nu = \tilde{S}_\nu \exp(-\tau)$, wobei $\tilde{S}_\nu$ das Spektrum der Radioquelle ohne Absorption ist) ist etwa im EINSTEIN-DE-SITTER-Modell ($q_0 = {}^1/_2$) für Frequenzen $\nu - \nu_a$ bei bis auf die HUBBLE-Expansion zeitunabhängigen Eigenschaften der i. M. durch

$$\tau = \frac{n_H}{T_s} \left(\frac{100}{H_0}\right) 0{,}3 \cdot 10^5 \, \frac{1-x}{1+2x} \left(\frac{\nu_a}{\nu}\right)^{x+2} (1-[1+z]^{-x-0{,}5}),$$

$$\approx \frac{10^4}{2{,}7} \frac{\bar{n}_H{}^0}{T_s} \left(\frac{\nu_a}{\nu}\right)^{2{,}75} \frac{100}{H_0} z \tag{12.7}$$

gegeben, wie man mit Hilfe von (II.55) und (I.41) leicht berechnet; der Näherungsausdruck gilt für eine typische Quelle mit dem Spektralindex $x = 0{,}75$ und einer Rotverschiebung $z \ll 1$. Die Schwierigkeit bei dieser Methode liegt in der unbekannten *Spintemperatur* $T_s$, zu deren Berechnung (s. Anhang I) der physikalische Zustand der i. M. schon bekannt sein müßte. — Gemessene Absorptionen im Spektrum der Radioquellen Virgo A und Fornax A im Virgo- und Fornax-Haufen von Galaxien haben sich nicht bestätigt. Nach Messungen von PENZIAS und SCOTT ist

$$\bar{n}_H{}^0 < 2{,}3_{10}{}^{-8}\, T_s < 7 \cdot 10^{-8}\ \mathrm{cm}^{-3}, \tag{12.8}$$

wobei die letzte Ungleichheit aus der Annahme $T_s > 3\,K$ folgt. Die Spintemperaturen werden nicht benötigt, wenn die 21-cm-Emission der intergalaktischen Materie als optisch dünne Strahlung (wegen der Rotverschiebung über einen Bereich $\nu \lesssim \nu_a$ verschmiert) direkt beobachtet werden könnte. Die Helligkeitstemperatur $T = \lambda^2 I_\nu / 2k$ ist (ohne Absorption) bei Annahme eines deltafunktionsförmigen Emissionsprofils durch

$$T = A \bar{n}_H{}^0 \frac{\nu_a}{\nu} (1 + 2q_0\, \nu_a/\nu - 2q_0)^{-1/2} \tag{12.9}$$

$$A = 3c^3 h\, A_{10}/(32\pi k \nu_a{}^2\, H_0) = 1{,}68 \cdot 10^4/(H_0/100)$$

bestimmt. Da $T$ mit $\nu^{-1}$ schwächer als die Hintergrundsstrahlung galaktischen Ursprungs zunimmt, sind Messungen nur in der Umgebung von $\nu \approx \nu_a$ sinnvoll. Mit $T \lesssim 0{,}08$ K als obere Grenze für $T$ bei $\nu = \nu_a$ folgt $n_H{}^0 \lesssim 4{,}8 \cdot 10^{-6}\,(H_0/100)\,\mathrm{cm}^{-3}$, d. h. eine obere Grenze für die *gegenwärtige* Dichte des nichtionisierten intergalaktischen Wasserstoffs.

### c) *Weicher Röntgenhintergrund*

Ionisierte intergalaktische Materie emittiert *Bremsstrahlung* vom Betrage (s. II.48) und (I.28))

$$I_\nu = 0{,}67\; 10^{-23} \left(\frac{H_0}{100}\right)^3 (2q_0)^2\, T_6{}^{-1/2} \frac{1}{\eta^2} \int\limits_{\eta}^{\eta(1+z)} \mathrm{d}x\, e^{-x}$$

$$x[1 - 2q_0 + 2q_0 x/\eta]^{-1/2}\, [\mathrm{erg\,cm^{-2}s^{-1}Hz^{-1}ster^{-1}}] \qquad (12.10)$$

mit $\eta = h\nu/kT$, $T_6 = T/10^6$, wenn angenommen wird, daß Temperatur und Ionisationsgrad im Laufe der metagalaktischen Entwicklung konstant bleiben und Absorption unwesentlich ist. Die Intensität fällt für $x \gg 1$, d. h. für hohe Frequenzen, wegen des Exponentialfaktors stark ab. Wird die von Field und Mitarbeiter im Bereiche weicher Röntgenstrahlung (Abschnitt 4) bei $\varepsilon = 0{,}25$ keV abgeleitete Intensität von $I_\nu \approx (5{,}1 \pm 0{,}7)$ $10^{-25}\,\mathrm{erg\,cm^{-2}\,s^{-1}\,ster^{-1}\,Hz^{-1}}$ als obere Grenze angenommen, so folgt im Falle $q_0 = {}^1/_2$ eine Ungleichung

$$T_6{}^{3/2} \int\limits_{2{,}9\,T_6}^{2{,}9\,T_6(1+z)} \sqrt{x}\; e^{-x}\, \mathrm{d}x \lesssim (0{,}64 \pm 0{,}1) \left(\frac{100}{H_0}\right)^3, \qquad (12.11)$$

die die möglichen Maximaltemperaturen auf einige $10^6$ K nach oben begrenzt. Andererseits muß die intergalaktische Materie bereits zu einem Zeitpunkt $z = 2$ vollständig ionisiert sein, um die Nichtexistenz von Ly$\alpha$-Absorption im Spektrum von 3C 9 zu erklären. Dies setzt untere Grenzen für die Temperatur, die ebenfalls von der Ordnung $10^6$ K sind. Die Existenzbedingungen dichter intergalaktischer Materie sind daher eng begrenzt. Die Situation ändert sich nicht wesentlich, wenn realistischere Modelle der i. M. unter Berücksichtigung unterschiedlicher Aufheizungs- und

Kühlungsraten betrachtet werden. Die *detaillierte Messung des Hintergrundspektrums* im Bereiche der *weichen Röntgenstrahlung* sowie der ebenfalls nur extraterrestrisch zugänglichen *harten UV-Strahlung* in Richtung zu den galaktischen Polen gehört somit zu den *wichtigsten Beobachtungsmöglichkeiten der intergalaktischen Materie.*

### d) Grenzen für die Existenz einer HII-Periode

Bremsstrahlung der i. M. wird auch im Radiobereich emittiert. Da der Exponentialfaktor in (2.10) hier weniger wirksam ist, tragen in diesem Spektralbereich auch frühe Entwicklungsphasen der i. M. wesentlich zur Strahlung bei. Ferner emittiert ein heißes intergalaktisches Gas im dichten 3-K-Strahlungsfeld durch inelastische COMPTON-Streuung (Abschnitt I.1). Obere Grenzen für die Hintergrundsstrahlung am lang- und kurzwelligen Ende der 3-K-Strahlung ergeben dann obere Grenzen für die Rotverchiebung $z_i$ des Beginns der HII-Periode der i. M. Nach der Analyse von SUNYAEV gilt $z_i < 300/(2q_0)^{7/9}$.

Mit den unter a) bis d) genannten Einschränkungen lassen sich Modelle für die thermische Entwicklung der intergalaktischen Materie konstruieren. Die Schwierigkeit liegt dabei — wie auch im Fall der interstellaren Materie — hauptsächlich in den nur vermutbaren und in ihrer zeitlichen Variation wenig bekannten Aufheizungsmechanismen; die Kühlungsprozesse sind dagegen — die chemische Zusammensetzung und die Aufheizungsrate des Gases als gegeben vorausgesetzt — im Prinzip berechenbar.

Die Relaxationszeiten des intergalaktischen Gases — insbesondere infolge von COULOMB-Stößen — sind hinreichend klein gegenüber der Expansionszeit, so daß stets in guter Näherung MAXWELL-Verteilungen für die Atome, Ionen und Elektronen angenommen werden können. (Dies bezieht sich nur auf die thermische Komponente des Gases; zur metagalaktischen kosmischen Strahlung s. Abschnitt 14.) Dagegen besteht wegen der kleinen Strahlungsquerschnitte kein Gleichgewicht für das intergalaktische Strahlungsfeld. Der Ionisationszustand des Gases wird durch die Bilanz nichtelastischer Elektronenstöße mit Strahlungs-Rekombinationen bestimmt und ist stark von der Temperatur abhängig, dagegen weniger von der Dichte, da die Raten für diese Prozesse selbst proportional zur Dichte sind. Zu einer solchen, den Ionisationsgrad fixierenden Bedingung tritt eine Gleichung, die die Elektronentemperaturen als Bilanz von Aufheizungs- und Kühlungsprozessen zu berechnen gestattet:

$$nkT\,\frac{\mathrm{d}}{\mathrm{d}t}\left(\ln\left[\frac{T^{1/(\Gamma-1)}}{\varrho}\right]\right) = L^{+} - L^{-}. \qquad (12.12)$$

Hierbei sind $L^{+}$ und $L^{-}$ die auf die Volumeneinheit bezogenen Werte der Aufheizungs- bzw. Kühlungsrate des Gases, $\Gamma$ ist das Verhältnis der spezifischen Wärmen bei konstantem Druck und Volumen. Zu $L^{+}$ können beitragen:

a) Wechselwirkungen der i. M. mit der Protonenkomponente der kosmischen Strahlung;

b) Ionisationsverluste der von GINZBURG und OSERNOY in ihrer die Untersuchung des intergalaktischen Gases einleitenden Arbeit postulierten „subkosmischen" Protonen mit kinetischen Energien im Bereiche $10^2$—$10^3$ MeV (Anhang I.4);

c) Dissipation von Plasmaschwingungen, die durch anisotrope Ströme aus Explosionen in Quasaren und Radiogalaxien stammender kosmischer Strahlung angeregt werden können;

d) in frühen Entwicklungsphasen mit hoher Quasardichte möglicherweise auch die Photoionisation durch intensive UV-Strahlung in der Umgebung von quasistellaren Radioquellen.

Die in ihrer kombinierten Wirkung durch $L^{-}$ beschriebenen Kühlungsmechanismen hängen von der chemischen Zusammensetzung der i.M. ab. Neben der HUBBLE-Expansion und der schon erwähnten Bremsstrahlung ist insbesondere die Abkühlung durch Stoßanregung von Wasserstoff- und Heliumatomen und nachfolgende Abstrahlung von Bedeutung. Die Kühlungsrate durch die elektronenstoßbedingte Ly $\alpha$-Strahlung des Wasserstoffs hat bei etwa $T_e \sim 2 \cdot 10^4$ K ein Maximum und stellt damit eine Art „thermischer Barriere" dar, die durch eine intensive Aufheizung überwunden werden muß, falls höhere Temperaturen erreicht werden sollen. Noch intensiver ist — bei „normaler" primordaler Heliumkonzentration — die Abkühlung durch Elektronenstoßanregung von Zuständen des Helium-Atoms und -Ions bei $T_e \sim 6 \cdot 10^4$ K. Unter Berücksichtigung dieser Prozesse sowie der von der Beobachtung gelieferten Einschränkungen wurden — allerdings unter mehr oder weniger willkürlichen Annahmen für die Aufheizungsraten — detaillierte Modelle gerechnet, die zumindest zeigen, daß eine mit allen gegenwärtigen Beobachtungen verträgliche Theorie der i.M. im Rahmen der konventionellen relativistischen Kosmologie möglich ist.

## 13. Radio- und Mikrowellen-Hintergrundsstrahlung

Die langwellige elektromagnetische Hintergrundsstrahlung ist von kosmologischem Interesse, da sie extragalaktische Beiträge enthalten kann. Das diffuse Radiospektrum von einigen $10^2$ MHz bis herunter zum Einsetzen galaktischer frei-frei-Absorption kann zumindest teilweise als durch Überlagerung zahlreicher schwacher und z. T. weit entfernter extragalaktischer Radioquellen gedeutet werden. Beiträge infolge Synchrotronstrahlung intergalaktischer hochenergetischer Elektronen sind allerdings höchstens am niederfrequenten Ende dieses Bereiches zu erwarten, da das metagalaktische Elektronenspektrum infolge des zu $\varepsilon^2$ proportionalen inversen Compton-Effektes an 3-K-Photonen wesentlich schneller als das galaktische Spektrum mit der Energie abfällt (Abschnitt 14). Im Falle metagalaktischer Synchrotronstrahlung müßte daher auch der Intensitätsspektralindex stärker negativ sein, als er beobachtet wird (Abschnitt 5);

zudem ist die Existenz eines hinreichend intensiven metagalaktischen Magnetfeldes zweifelhaft.

Die kosmologische Bedeutung des Mikrowellen-Strahlungsfeldes — das fast allgemein als Überrest der primordialen Gleichgewichtsstrahlung angesehen wird — wurde bereits in den Abschnitten 5 und 8 deutlich. Der heute beobachtete spektrale Verlauf dieser Strahlung ergibt sich aus der Bemerkung, daß eine PLANCKsche Intensitätsverteilung für ein universelles Strahlungsfeld

$$I_\nu = \frac{2\nu^3 h}{c^2} (\exp [h\nu/kT] - 1)^{-1}, \tag{13.1}$$

wie sie sich bei der intensiven Wechselwirkung mit Materie in Frühstadien der Metagalaxis eingestellt hat, im Verlauf der kosmologischen Expansion mit einer sich adiabatisch wie $1/R$ erniedrigenden Temperatur $T$ auch dann erhalten bleibt, wenn die Wechselwirkungen der 3-K-Photonen mit Materie praktisch aufgehört haben (an Wechselwirkungen mit hochenergetischen Teilchen ist nur ein verschwindend kleiner Teil der 3-K-Photonen beteiligt). Die Energie (bzw. Frequenz) eines einzelnen Photons nimmt dabei wie $1/R$ ab (Rotverschiebung), die Photonendichte variiert infolge der Expansion wie $1/R^3$; als Wirkung beider Effekte sinkt die Energiedichte $aT^4$ wie $R^{-4}$. Formal erhält man die Intensität (13.1) mit $T \sim R^{-1}$ als Lösung der Strahlungstransportgleichung (II.46) mit verschwindenden rechten Seiten.

Von besonderem Interesse sind die Abweichungen der 3-K-Strahlung von einer strengen PLANCK-Funktion. Dazu gehören die Variation der Intensität oder der Strahlungstemperatur über größere Bereiche an der Sphäre, Fluktuationen der Intensität über kleine Winkelbereiche ($< 1°$), spektrale Verzerrungen der Strahlung, insbesondere im Bereiche des Maximums und im WIENschen Ast sowie eine mögliche Polarisation der Strahlung.

Winkelvariationen der 3-K-Strahlung können ihre Ursache in großräumigen Fluktuationen der Materiedichte (mit Skalen bis zur Ordnung $10^3$ Mpc) haben oder sind durch ein anisotropes Weltmodell bedingt (Anhang II.4). Im ersten Fall existieren kosmische Bereiche mit höheren Gleichgewichtstemperaturen, oder die Strahlungsanisotropie ergibt sich aus der gravitativen Streuung an den wechselnden statischen Gravitationsfeldern der Materiefluktuationen. In beiden Fällen wird die Amplitude des anisotropen Anteils der Strahlung durch die THOMSON-Streuung an intergalaktischen Elektronen unter Umständen (nämlich bei *frühzeitiger* Reionisierung der intergalaktischen Materie, vgl. Abschnitt 12) erheblich reduziert, so daß die heute beobachteten Anisotropien nicht unmittelbar Rückschlüsse auf eine Anisotropie des Weltmodelles oder eine großräumige Fluktuation der Materieverteilung zulassen (es sei bemerkt, daß auch die optischen Beobachtungen von Galaxien und Galaxienhaufen durchaus die Existenz größerer Inhomogenitäten erlauben). Erst die Integration der Strahlungstransportgleichung unter Berücksichtigung von Elektronenstreutermen liefert diesen Aufschluß. Ähnliche Bemerkungen gelten auch für die Intensitätsfluktuationen in kleinen Winkelbereichen, die u. a. von kleineren Materieinhomogenitäten herrühren können. Spektrale Verzerrungen der Strahlung, wie sie für den WIENschen Bereich des Spektrums aus den Ergebnissen von HOUCK, HARVIT und SHIVANANDAN folgen, sind dagegen schwerer verständlich; möglicherweise spielen Nichtgleichgewichtsprozesse bei der Rekombination des prägalaktischen Plasmas eine Rolle. Polarisationsmessungen des 3-K-Strahlungsfeldes werden gegenwärtig durchgeführt und dürften u. a. durch die FARADAY-Rotation in ionisierter intergalaktischer Materie Aufschluß über die Existenz intergalaktischer Magnetfelder geben.

## 14. Kosmische Strahlung metagalaktischer Herkunft

Die Existenz einer *metagalaktischen Komponente der kosmischen Strahlung* wird durch die beobachtete Röntgen- und Gamma-Hintergrundsstrahlung nahegelegt (vgl. Abschnitt 15). Sie ist verständlich, da in der Vergangenheit des Kosmos wahrscheinlich zahlreichere oder intensivere Quellen in Gestalt von Quasaren, Radiogalaxien und sonstigen Galaxien auftraten, die möglicherweise im Stadium ihrer Bildung besonders aktiv waren. Auch könnten — insbesondere in Hinblick auf die Emission relativistischer Plasmawolken aus dem Kern von Quasaren — statistische Beschleunigungsarten, wie der FERMI-Mechanismus, im intergalaktischen Medium wirksam sein. Da eine merkliche Produktion hochenergetischer Teilchen erst *nach* Bildung der ersten Kondensation, d. h. für Zeiten mit $z \lesssim 100$ zu erwarten ist, in denen eine primordale Anisotropie des Kosmos bereits abgeklungen ist, kann in der Transportgleichung (II.31) ein isotropes FRIEDMANN-Modell benutzt werden. Ebenso läßt sich die Verteilungsfunktion $n(\varepsilon, t)$ als isotrop annehmen, da die über hinreichend große Bereiche gemittelte Erzeugungsrate $Q(\varepsilon, t)$ selbst isotrop ist. Berücksichtigt man neben Rotverschiebungsverlusten auch die zu $\varepsilon^2$ proportionalen COMPTON- und Synchrotronverluste an 3-K-Photonen und in möglichen intergalaktischen Magnetfeldern, so gilt für die Teilchendichte $\tilde{n} = nR^3/R_0{}^3$ in mitbewegten Koordinaten mit $\tilde{Q} = Q(\varepsilon, t)\, R^3/R_0{}^3$ für relativistische Teilchenenergien $\varepsilon \gg mc^2$ (vgl. (II.31))

$$\frac{\partial \tilde{n}}{\partial t} - \frac{\partial}{\partial \varepsilon}\left(\tilde{n}\left[\varepsilon\frac{\dot{R}}{R} + \varepsilon^2 C\right]\right) = \tilde{Q}(\varepsilon, t) - ca\tilde{n}. \quad (14.1)$$

Bei relativistischen Elektronen oder Positronen überwiegt der Energieverlust durch den COMPTON-Effekt bei weitem die Rotverschiebungs- oder Synchrotronverluste; die Energie eines Elektrons halbiert sich durch die COMPTON-Wechselwirkung mit 3-K-Photonen in $1{,}2\, 10^9/\varepsilon(1+z)^4$

Jahren ($\varepsilon$ in GeV). Im Laufe der kosmischen Entwicklung mußte daher der gesamte Elektronenvorrat mehrfach erneuert werden, wenn ein ständiger Elektronenfluß aufrechterhalten werden sollte. Diese Situation kann näherungsweise so beschrieben werden, daß sich zu jedem Zeitpunkt ein durch die Gleichheit von Verlust- und Injektionsrate bestimmtes Gleichgewichtsspektrum herausgebildete, das sich im Laufe der Zeit langsam änderte. Bei Vernachlässigung des Absorptionstermes auf der rechten Seite von (14.1) gilt dann mit $Q = Q_0(t)\,\varepsilon^{-p}$

$$n_e = \frac{Q_0(t)\,\varepsilon^{-p-1}}{(p-1)\,C}. \tag{14.2}$$

Das metagalaktische Elektronenspektrum spiegelt damit im wesentlichen die temporäre Injektionsrate wieder. Bei Annahme eines Ursprungs der metagalaktischen Elektronen durch Diffusion aus normalen Galaxien ist die Injektionsrate durch einen Ausdruck

$$\begin{aligned} Q(t) = Q_0(t)\,\varepsilon^{-p} &= V K \varepsilon^{-p} (1+z)^{s+3}\, n^0_{\mathrm{gal}}/\mathfrak{T} \\ &= 6 \cdot 10^{-33} \varepsilon^{-p}\,(1+z)^{s+3} \qquad (14.3) \\ &\quad [\text{Elektronen ster}^{-1}\,\text{cm}^{-3}\,\text{s}^{-1}\,\text{GeV}^{-1}] \end{aligned}$$

gegeben, worin $\mathfrak{T} \approx 10^6$ Jahre die Lebensdauer eines galaktischen Elektrons gegenüber dem Entweichen aus der Galaxis ist, der Faktor $(1+z)^s$ eine mögliche zeitliche Änderung der innergalaktischen Erzeugungsrate hochenergetischer Elektronen berücksichtigt, ferner sind $n^0_{\mathrm{gal}} \approx 1{,}5\;10^{-74}\;\mathrm{cm}^{-3}$ $(=0{,}45\;(\mathrm{Mpc})^{-3})$ die gegenwärtige räumliche Dichte (normaler) Galaxien, $K \approx 1{,}26\;10^{-2}/c$ der Proportionalitätsfaktor im galaktischen Energiespektrum (3.7) und $V \approx 3 \cdot 10^{67}\;\mathrm{cm}^3$ das (reichlich bemessene) Volumen einer Galaxie. Insgesamt erhält man eine intergalaktische Verteilung hochenergetischer Elektronen

$$n_e = 1{,}4 \cdot 10^{-16}\,\varepsilon^{-3{,}62}\,(1+z)^{s-1} \qquad [\text{Elektronen ster}^{-1}\,\text{cm}^{-3}\,\text{GeV}^{-1}] \tag{14.4}$$

($\varepsilon$ in GeV), die gegenüber der galaktischen Elektronenverteilung stärker abfällt und bei 1 GeV um einen Faktor $2{,}6 \cdot 10^3/(1+z)$ verringert sein würde. In dieser Abschätzung sind die etwas schwerer bestimmbaren Beiträge der Radiogalaxien und Quasare nicht enthalten. Ihr Einfluß ist für große $z$-Werte vermutlich erheblich und muß in einer vollständigeren Behandlung berücksichtigt werden. Zu bestimmten Zeiten in der Vergangenheit könnte dann die Dichte der hochenergetischen Elektronen größer gewesen sein, als für die Gegenwart zu erwarten ist. Zur Synchrotronstrahlung dieser Elektronen in möglichen metagalaktischen Magnetfeldern s. Abschnitt 13. Die COMPTON-Degradierung der Elektronen erzeugt hochenergetische Photonen, die für die diffuse Röntgen-Hintergrundsstrahlung verantwortlich gemacht werden können (Abschnitt 15).

Für metagalaktische Protonen bzw. Kerne sind die Rotverschiebungsverluste sowie in den dichten frühen Phasen auch die Verluste durch Stöße mit intergalaktischer Materie wesentlich, dagegen können COMPTON- und Synchrotronverluste vernachlässigt werden. Mit einem über den betrachteten Energiebereich konstanten Wirkungsquerschnitt von $\sigma \approx 3 \cdot 10^{-26}\,\mathrm{cm}^2$ für die nichtelastische Wechselwirkung der Protonen mit dem intergalaktischen Wasserstoffgas sowie mit einer auch für Protonen geltenden Injektionsrate (14.3), wobei jetzt $K \approx 1{,}7 \cdot 10^3/c$, $p = 3{,}1$ für $\varepsilon > 10^{15}\,\mathrm{eV}$ gilt, erhält man ein metagalaktisches Protonenspektrum zur Gegenwart:

$$n(\varepsilon) = \frac{V n_{\mathrm{gal}} K}{\mathfrak{T} H_0} \varepsilon^{-p} \int_0^{z^*} \mathrm{d}z (1+z)^{s-p-1} (1+2q_0 z)^{-1/2}$$

$$\exp\left(\frac{-\sigma c n_p{}^0}{3 H_0 q_0{}^2}\left[(3q_0 - 1)\left(\sqrt{1+2q_0 z} - 1\right) + z q_0 \sqrt{1+2q_0 z}\right]\right), \tag{14.5}$$

wobei $n_p{}^0$ die gegenwärtige Dichte thermischer Protonen ist. Die in dem von den inelastischen $p$-$p$-Stößen herrührenden Absorptionsfaktor auftretende dimensionslose Größe $c\sigma n_p{}^0/H_0$ ist von der Ordnung $2{,}8 \cdot 10^{-3}(n_p{}^0/10^{-5})/(H_0/100)$, so daß der Faktor nur für große Rotverschiebungen $z^*$ Einfluß auf das Spektrum besitzt. Für einen Näherungsausdruck kann der Exponentialfaktor fortgelassen und die Integration nur bis zu einer Rotverschiebung $z^*$ erstreckt werden, die den Einsatz des exponentiellen Abfalls kennzeichnet. Wird die eckige Klammer in (14.5) durch $(q_0 z)^{3/2}$ ersetzt, so gilt für die cut-off Rotverschiebung $z^*$:

$$z^* \approx 50\, q_0{}^{-1/3}\, (H_0/100)^{-2/3}. \tag{14.6}$$

Für ein Einstein-de-Sitter-Kosmos ($q_0 = 1/2$) folgt daraus ein gegenwärtiges Protonenspektrum, das für $z^* \gg 1$ nicht mehr vom Wert der cut-off Rotverschiebung abhängt:

$$n(\varepsilon) \approx \frac{V n^0_{\text{gal}} K \varepsilon^{-p}}{\mathfrak{T} H_0 (p + 0{,}5 - s)} \approx 1{,}3 \cdot 10^{-3} K \varepsilon^{-p} (100/H_0). \tag{14.7}$$

Der numerische Wert gilt dabei für $p = 3$, $s = 0$ (d. h. für den hochenergetischen Bereich des Spektrums $\varepsilon > 10^{15}$ eV). Der Wert von $z^*$ hätte nur dann Einfluß auf die Verteilungsfunktion (14.7), wenn die Emissionsrate hochenergetischer Protonen pro Galaxie in der Vergangenheit erheblich höher gewesen wäre, d. h., falls (im Einstein-de-Sitter-Modell) $s > p + 0{,}5$ gelten würde (vgl. Abschnitt 15 für entsprechende Verhältnisse im Photonenspektrum). In diesem Falle würden die in den besonders aktiven Phasen emittierten Protonen trotz Expansionsverdünnung und der bei den höheren Energien $(1 + z^*)\,\varepsilon$ verringerten Emissionsrate auch heute noch bei Energien $\varepsilon$ zum Protonenspektrum beitragen. Statt einer kontinuierlichen, mit einem Faktor $(1 + z)^s$ beschriebenen Zunahme der Emissionsrate ist auch ein „burst"-Modell denkbar, in dem in einem relativ kurzen Zeitraum (entsprechend einer mittleren Rotverschiebung $z^*$) der

Hauptteil der metagalaktischen Protonen entstanden sein könnte. In diesem Fall zeigt man leicht, daß

$$n(\varepsilon) = Q_0 \varepsilon^{-p} (1 + z^*)^{-p-3} \Phi(z^*) \qquad (14.8)$$

gilt, wobei $\Phi(z^*)$ wieder der in (14.5) auftretende Exponentialfaktor ist und $4\pi Q_0 \varepsilon^{-p}$ die während der gesamten „burst"-Epoche im Energieintervall $\varepsilon$, $\varepsilon + d\varepsilon$ pro $cm^3$ erzeugte Zahl von Protonen darstellt.

Indirekte Hinweise auf ein metagalaktisches Protonenspektrum ergeben sich aus den bei $p$-$p$-Stößen durch Pimeson-Zerfall entstehenden hochenergetischen Photonen (Abschnitt 15). Unsere Abschätzung (14.7) gibt wenig Anlaß, das beobachtete Teilchenspektrum etwa oberhalb $10^{17}$—$10^{18}$ eV als extragalaktischen Ursprungs anzusehen, wenn nicht die Emissionsrate von Protonen in der Vergangenheit beträchtlich höher war. Daß der LARMOR-Radius der Protonen bei $10^{18}$ eV die Größenordnung galaktischer Dimensionen erreicht, besagt nichts gegen einen galaktischen Ursprung auch der höchstenergetischen Teilchen: Wir beobachten in diesem Falle das Injektionsspektrum, nicht das Gleichgewichtsspektrum.

Der Einfluß der inelastischen $p$-$p$-Streuung an intergalaktischem Wasserstoff wird wegen der relativen Dünne der intergalaktischen Materie erst für große Rotverschiebungen wirksam. Ein anderer Reaktionspartner der hochenergetischen Protonen kann unter bestimmten Umständen ebenso wichtig oder noch wichtiger werden: Die 3-K-Mikrowellenphotonen stellen ein das intergalaktische thermische Gas an Teilchendichte um etwa 8 Zehnerpotenzen übertreffendes Photonengas dar, das höchstenergetische Protonen durch Photomesonen-Bildung degradiert. Vom Ruhsystem eines Protons der Energie $\varepsilon$ aus gesehen, erscheint ein 3-K-Photon $h\nu$ als Gammaquant mit einer Energie $h\nu' = \varepsilon h\nu \left(1 - \cos\theta \sqrt{1 - \gamma^{-2}}\right) / m_p c^2$ (s. Anhang I.1); für $h\nu \approx 6 \cdot 10^{-4}$ eV und $\varepsilon \approx 10^{20}$ eV ist z. B. $h\nu' \approx 64$ MeV. Überschreitet diese Energie eine Schwelle von 145 MeV, die im wesentlichen durch die $\pi$-Mesonenruhmasse gegeben ist, so setzt die Bildung von

Photomesonen über Prozesse wie $\nu + p \rightarrow p + \pi^0$, $\nu + p \rightarrow n + \pi^+$ ein, die das Spektrum der metagalaktischen Protonen um und oberhalb von $10^{20}$ eV aufsteilen. Eine detaillierte Rechnung zeigte, daß kein vollständiger cut-off der Protonen mit Energie $> 5 \cdot 10^{19}$ eV auftritt, wie zunächst angenommen wurde. $6 \cdot 10^{19}$ eV-Teilchen können $10^{10}$ Jahre existieren, $10^{20}$ eV-Teilchen knappe $10^9$ Jahre, Protonen beliebiger Energie mindestens $5 \cdot 10^7$ Jahre. Kosmische Partikel derartig hoher Energie werden als sehr seltene EAS-Ereignisse (extensive air showers) registriert, bei denen das hochenergetische Primärteilchen beim Durchlaufen der Erdatmosphäre zahlreiche in großflächigen Detektor-Anlagen auf dem Erdboden beobachtete Sekundärteilchen erzeugt. Die bis 1969 gefundenen Ereignisse (sechs mit $\varepsilon \gtrsim 2 \cdot 10^{19}$ eV, je eines mit $\varepsilon \gtrsim 5 \cdot 10^{19}$ eV und $\varepsilon \gtrsim 10^{20}$ eV) sind mit den theoretischen Erwartungen verträglich, selbst wenn es sich bei den Primärteilchen um Partikel extragalaktischer Herkunft handeln sollte (ein galaktischer Ursprung ist, wie schon bemerkt wurde, immer möglich). Existiert allerdings die von Houck, Harvit und Shivanandan vermutete intensive Mikrowellenstrahlung (vgl. Abschnitt 5) als ein den ganzen metagalaktischen Raum erfüllendes universelles Strahlungsfeld, so werden die Absorptionslängen kürzer: Für $\varepsilon = 5 \cdot 10^{19}$ bis $10^{20}$ eV ergeben sich Lebenszeiten zwischen $6 \cdot 10^6$ bis $7 \cdot 10^6$ Jahren, und eine Entstehung der höchstenergetischen Teilchen nicht außerhalb der lokalen Metagalaxis scheint wahrscheinlich.

3-K-Photonen besitzen auch einen Einfluß auf die Kerne der kosmischen Strahlung, die etwa durch Prozesse wie $\gamma + H_e^4 \rightarrow H_e^3 + n$ oder $\gamma + H_e^4 \rightarrow H^3 + p$ im Falle von Heliumkernen zerstört werden können. Auch hier zeigt sich jedoch, daß Heliumkerne im Mittel erst nach $10^{10}$ Jahren aufgespalten werden, selbst wenn ihre Energie $\varepsilon \gtrsim 10^{19}$ eV ist; für Kerne höherer Atomzahlen liegt die Schwellenenergie noch höher. Einige Anzeichen sprechen dafür, daß oberhalb Energien von $10^{17}$ eV die kosmische Strahlung lediglich aus Protonen besteht. Ein solcher Effekt sollte daher eher der Wirksamkeit starker Strahlungsfelder bei Beschleunigung von Kernen (z. B. in Supernovaexplosionen oder in Quasaren) als der kosmischen 3-K-Strahlung zuzuschreiben sein.

## 15. Metagalaktische Röntgen- und Gammastrahlung

Die *metagalaktische* Erklärung der diffusen Röntgen- und Gamma-Hintergrundsstrahlung erfordert für die einzelnen Spektralbereiche ganz unterschiedliche Modelle. Im Bereiche der weichen Röntgenstrahlung unterhalb 1 keV ($\lambda > 12 \cdot 4$ Å) dürfte die schon in Abschnitt 12 diskutierte Bremsstrahlung eines heißen intergalaktischen Mediums die Beobachtungsdaten erklären. Für längere Wellenlängen wächst die galaktische Absorption durch Photoionisierung nicht vollständig ionisierter Atome stark (wie $\lambda^3$) an, und schon die von Boyer und Mitarbeiter bei 0,28 keV gemessene Intensität überrascht insofern, als sie entweder eine relativ niedrige Dichte (verglichen mit den aus 21-cm-Daten abgeleiteten Werten) des neutralen interstellaren Wasserstoffs in Richtung zum galaktischen Pol oder eine sehr geringe Heliumkonzentration (Teilchendichte 0,3%) erfordern würde. Zuverlässige Messungen des spektralen Verlaufes und der Richtungsabhängigkeit des weichen Röntgenhintergrundes sind von erheblichem Interesse für die extragalaktische Astronomie: Aussagen über die intergalaktische Absorptionstiefe geben einen von 21-cm-Beobachtungen und Ly $\alpha$-Absorption in Quasarspektren unabhängigen Hinweis auf die mögliche Existenz neutralen intergalaktischen Wasserstoffs. Gasförmige Materie in Galaxienhaufen kann bei niedrigen Temperaturen in Absorption (als „Schatten" auf einem isotropen Röntgen-Hintergrund) oder — im Falle heißer ionisierter Zwischennebelmaterie — auch in Emission beobachtet werden. Die starke Abhängigkeit des Absorptionskoeffizienten von der chemischen Zusammensetzung der intergalaktischen Materie (s. Anhang I.4) erlaubt schließlich im Prinzip auch Rückschlüsse auf das Vorhandensein anderer Elemente als Wasserstoff.

Die gemessenen Intensitäten unterhalb 1 keV sind jedoch auch als Fortsetzung des für Energien $\varepsilon > 1$ keV gefundenen Röntgenspektrums interpretierbar, das nicht mehr der exponentiell mit $\varepsilon$ abnehmenden metagalaktischen Bremsstrahlung zugeschrieben werden kann. Als mögliche Ursachen dieser Röntgenstrahlung wurden diskutiert:

a) eine Überlagerung der Intensität diskreter extragalaktischer Röntgenquellen;

b) der inverse COMPTON-Prozeß an 3-K-Photonen und relativistischen metagalaktischen Elektronen;

c) nichtthermische Bremsstrahlung subkosmischer Elektronen im ionisierten intergalaktischen Medium.

a) Besitzt die von einer Einzel-Röntgenquelle pro s und in den Raumwinkel 1 emittierte Strahlung eine spektrale Verteilung $\mathrm{d}P = A\nu^{-\alpha+1}\,\mathrm{d}\nu$, so ist die überlagerte Intensität aller Quellen durch (s. Gleichung II.49)

$$I_\nu = \frac{c n^0{}_Q A_0 \nu^{-\alpha+1}}{H_0} \int\limits_0^{z^*} (1 + z)^{-\alpha+b+c-1} (1 + 2q_0 z)^{-1/2}\,\mathrm{d}z \tag{15.1}$$

gegeben, wenn ein cut-off der Quellen bei einer Rotverschiebung $z^*$ angenommen und im Sinne einer Helligkeits- und gegebenenfalls auch Dichte-Entwicklung $A = (1 + z)^b A_0$, $n_Q = n_Q{}^0(1 + z)^c$ angesetzt wird; der Index 0 bezieht sich auf die Gegenwart, z. B. ist $n_Q{}^0$ die gegenwärtige Dichte der Röntgenquellen. Das Integral (15.1) kann für ganzzahlige $b + c - \alpha$ leicht ausgewertet werden. Wie auch in anderen Fällen sind zwei Situationen zu unterscheiden: Gilt $b + c > \alpha + 1/2$, d. h. sind die Entwicklungseffekte hinreichend stark, so besteht eine Abhängigkeit von der cut-off Rotverschiebung $z^*$: Mit einer Vergrößerung von $z^*$ wächst $I_\nu$ beträchtlich an. Umgekehrt ist für $b + c \leqq \alpha + 1/2$ der Wert von $z^*$ für die Intensität infolge der dann nicht mehr kompensierten Expansionsverdünnung und Rotverschiebungsverluste unerheblich. Im Röntgenbereich von 2—20 keV ($\alpha \approx 1{,}35$) liegt die Schwelle für die Wirksamkeit von Entwicklungseffekten bei $b + c \approx 1{,}85$. Nehmen wir der einfacheren Integration halber $b + c = \alpha + 1 = 2{,}35$ an, so ist

$$I_\nu = \frac{c n_Q{}^0 A_0 \nu^{-\alpha+1}}{H_0 q_0} \left(\sqrt{1 + 2 q_0 z^*} - 1\right). \tag{15.2}$$

Wird ferner angenommen, daß alle Galaxien Röntgenstrahlung emittieren, so wird mit einer Galaxien-Dichte von $n_Q{}^0 = 0{,}45\ (\mathrm{Mpc})^{-3}$ der Röntgenhintergrund zwischen 2 und 20 keV erklärt, wenn jede Galaxie in einem zwischen 2 und $20(1 + z^*)$ keV gelegenen Bereich des Spektrums im Durchschnitt eine Röntgenhelligkeit von

$$L = 2 \cdot 10^{45} \left(\frac{H_0}{100}\right) \frac{q_0}{\sqrt{1 + 2 q_0 z^*} - 1} \ [\mathrm{erg/s}] \tag{15.3}$$

besitzt. Dieser Betrag ist — für nicht zu große $z^*$ — erheblich größer als die optische Helligkeit etwa der Galaxis ($\approx 10^{43}$ erg/s) und entspricht energetisch der Radiohelligkeit der intensivsten Quasare und Radiogalaxien. Beträchtliche, möglicherweise $b + c \approx 2{,}35$ noch übersteigende Entwicklungseffekte müssen postuliert werden, um auf diese Weise das Röntgenspektrum zu erhalten.

b) Von Morrison und Mitarbeitern wurde vorgeschlagen, das Röntgenspektrum durch den inversen Compton-Effekt von Photonen der 3-K-Strahlung an relativistischen intergalaktischen Elektronen zu erklären. Wird der durch die Gleichung (I.12) gegebene Emissionskoeffizient comptongestreuter Strahlung für ein Elektronen-Potenzspektrum $\bar{n}_e(\gamma)\, \mathrm{d}\gamma = \bar{n} \gamma^{-p} \mathrm{d}\gamma$ berechnet, so erhält man mit einer durch die Verwendung eines Mittelwertes bedingten Näherung einen Ausdruck

$$j(\nu) = 1{,}47 \cdot 10^{-2} \frac{u c h \bar{n}}{kT} \left( \frac{h\nu}{3{,}6 \cdot kT} \right)^{-(p-1)/2}, \qquad (15.4)$$

wobei $h\bar{\nu} = 2{,}7\,kT$ für die mittlere Energie von Photonen einer PLANCKschen Energieverteilung zur Temperatur $T$ gesetzt wurde und $u(= aT^4)$ die frequenzintegrierte Energiedichte dieses Strahlungsfeldes ist. Die gemäß (II.49) für die Gegenwart berechnete Intensität ist durch

$$I_\nu = 1{,}47 \cdot 10^{-2} \frac{c^2 \sigma_T u_0 h \bar{n}}{H_0 k T_0} \left( \frac{h\nu}{3{,}6 \cdot kT_0} \right)^{-(p-1)/2} \times \int_0^{z^*} \frac{(1+z)^{\theta - 3}}{(1+2q_0 z)^{1/2}} \, \mathrm{d}z \qquad (15.5)$$

gegeben, wobei der Index 0 sich wie üblich auf die gegenwärtigen Werte der entsprechenden Größen bezieht ($H_0$ ist hier in der cgs-Einheit $s^{-1}$ zu messen). Eine solche Interpretation des Röntgenspektrums liefert zunächst die beobachteten Werte des Spektralindex ($\alpha = 1{,}35$ im Bereich 2—20 keV und $\alpha = 2{,}3$ oberhalb von 80—100 keV). Der Bruch im Röntgenspektrum bei 40 keV entspricht der sowohl durch direkte Messungen in Erdnähe als auch durch eine Indexänderung im Radio-Synchrotronspektrum normaler Galaxien festgestellten Änderung des Spektralindex der Elektronenverteilung bei etwa 3,5 GeV, dem Energiebereich, der für das inverse COMPTON-Spektrum bei $h\nu \approx 40$ keV maßgebend ist. Unterhalb der Energie 3,5 GeV muß dann für den Index des Elektronenspektrums $p = 2 + 1 \approx 1{,}7$ gelten, oberhalb von 3,5 müßte $p = 3{,}6$ sein. Diese Werte sind *höher* als die in den entsprechenden Energiebereichen gemessenen bzw. abgeleiteten Indexwerte von $\approx 1{,}3$ bzw. $\approx 2{,}6$ und zeigen, daß das durch den *inversen* COMPTON-*Effekt selbst um eine Indexdifferenz 1 aufgesteilte metagalaktische Gleichgewichtsspektrum der Elektronen* für die Röntgenstrahlung verantwortlich sein dürfte, zumindest für den höherenergetischen Bereich, wo bei dieser Interpretation eine überraschend gute Übereinstimmung besteht. Intensitätsmäßig ist die Übereinstimmung — *ohne* Annahme von Entwicklungseffekten — nicht so gut. Für den Frequenzbereich oberhalb 80 keV folgt z. B. mit dem in Abschnitt 14 abgeschätzten metagalaktischen Elektronenspektrum ein Photonenstrom von

$$J_\nu \approx \frac{30\,\varepsilon^{-(p+1)/2}}{(H_0/100)} \int\limits_0^{z^*} \frac{(1+z)^{s-3}}{(1+2q_0 z)^{1/2}}\,\mathrm{d}z \qquad (15.6)$$

[Photonen $\mathrm{cm}^{-2}\,\mathrm{s}^{-1}\,\mathrm{keV}^{-1}\,\mathrm{ster}^{-1}$].

Das vom Weltmodell abhängende Integral besitzt dieselbe Form wie das in (15.1) auftretende. Große $z^*$-Werte beeinflussen daher seinen Betrag nur bei kräftigen Entwicklungseffekten mit $s > 2{,}5$; für $s < 2{,}5$ ist es von der Ordnung 1. Ein Vergleich mit dem gemessenen Photonenstrom (Abschnitt 4) zeigt, daß der sich aus (15.6) *ohne Entwicklungseffekte* ergebende Photonenstrom um einen Faktor $\sim 30$ zu klein ist. Optimistischere Abschätzungen des metagalaktischen Elektronenspektrums ergeben höhere Werte. In Hinblick auf die Unsicherheit der eingehenden Größen und auch in Hinblick darauf, daß die Dichte hochenergetischer metagalaktischer Elektronen in bestimmten Epochen der Vergangenheit möglicherweise höher gewesen ist, dürfte der „3-K-COMPTON-Prozeß" die gegenwärtig befriedigendste Erklärung der diffusen Röntgenstrahlung liefern. Es braucht sich dabei nicht notwendig um metagalaktische Elektronen zu handeln. In frühen Epochen ist infolge der wie $(1+z)^4$ anwachsenden Energiedichte der 3-K-Photonen der COMPTON-Effekt bereits innerhalb der Radioquellen wirksam und kann — insbesondere bei Berücksichtigung von Entwicklungseffekten dieser Radioquellen — einen erheblichen Beitrag zum Röntgenspektrum liefern.

c) Falls eine hohe metagalaktische Dichte „subkosmischer" Elektronen (im Energiebereich von 1 keV bis

1 MeV) existiert, so ist auch die nichtthermische Bremsstrahlung dieser Elektronen (s. Anhang I.3) in ionisiertem intergalaktischen Wasserstoff fähig, das Röntgenspektrum — zwischen 1 keV und 1 MeV — zu erklären. Ein solches Modell erfordert einen metagalaktischen Elektronenstrom $J(\varepsilon) = 10^{3,5}\,\varepsilon^{-2,5}$ (Teilchen $cm^{-2}\,ster^{-1}\,s^{-1}\,keV^{-1}$) oberhalb von 200 keV und eine (verglichen mit der Energiedichte $2 \cdot 10^{-5}$ eV $cm^{-3}$ der 1—10 GeV-Elektronen im MORRISONschen Modell) hohe Gesamt-Energiedichte $10^{-4}$ eV $cm^{-3}$. Infolge der sonst zu hohen Ionisationsverluste darf die gegenwärtige Teilchendichte im intergalaktischen Raum $10^{-7}$ $cm^{-3}$ nicht wesentlich übersteigen (als Folge von Verlusten dieser Art sind die 0,25 keV-Beobachtungen in diesem Modell nicht erklärbar).

Das diffuse Gammaspektrum oberhalb 1 MeV gestattet ebenfalls eine kosmologische Interpretation. Der 3-K-COMPTON-Prozeß sagt eine Fortsetzung des Röntgenspektrums mit einem (Intensitäts-)Spektralindex 2,4 bis zu etwa $h\nu = \frac{180}{(1 + z^*)}$ MeV voraus; dieser Wert entspricht einer Elektronenenergie von 200 GeV, wo eine Aufsteilung des galaktischen Energiespektrums angedeutet ist. Die entsprechenden zu erwartenden Teilchenströme liegen aber mit $3 \cdot 10^{-5}$ Photonen $cm^{-2}\,s^{-1}\,ster^{-1}$ für Energien oberhalb 100 MeV noch unterhalb oder gerade an der Schwelle der gegenwärtigen Detektoren. Es war daher bedeutungsvoll, daß für $h\nu > 1$ MeV Anzeichen etwas höherer diffuser Gamma-Ströme festgestellt wurden (Abb. 3), die Abweichungen von einem Potenzgesetz zeigen und offensichtlich nicht mehr durch den normalen 3-K-Compton-Prozeß erklärt werden können. Zu Prozessen, die Gammastrahlung mit einer über den 3-K-COMPTON-Prozeß hinausgehenden Ergiebigkeit liefern könnten, gehören

a) Stöße hochenergetischer Protonen der kosmischen Strahlung mit Protonen der intergalaktischen Materie und Zerfall der dabei entstehenden neutralen Pi-Mesonen und

b) Materie—Antimaterie-Annihilierung.

Zur Physik der inelastischen $p$-$p$-Stöße s. Anhang I.7. Die Erzeugungsrate der Gammaquanten hängt vom Produkt der Dichte $n_H$ der thermischen intergalaktischen Protonen mit der Protonendichte $n(\varepsilon)$ der kosmischen Strahlung ab. Letztere ist für die Gegenwart bei Annahme einer Entstehung durch Diffusion aus normalen Galaxien durch (14.5) gegeben. Die Dichte der hochenergetischen Protonen zu der einer Rotverschiebung $z$ entsprechenden Zeit ergibt sich zu (vgl. die entsprechende Relation (II.49) für Photonen)

$$n(\varepsilon, z) = \frac{(1+z)^{2+p} V K \varepsilon^{-p} n^0_{\mathrm{gal}}}{H_0 \mathfrak{T}} \int_z^{z^*} \mathrm{d}z' \, (1+z')^{-p+s-1} \times (1 + 2q_0 z')^{-1/2} \, \Phi(z')/\Phi(z), \tag{15.7}$$

wobei $\Phi(z)$ der auch in (14.5) auftretende Exponentialfaktor ist. Wird wieder unter $z^*$ diejenige Rotverschiebung verstanden, bei der die „Absorptionstiefe" $\tau$ der hochenergetischen Protonen gegenüber inelastischen $p$—$p$-Stößen von der Ordnung 1 wird, so kann der $\Phi$-Faktor in (15.7) näherungsweise vernachlässigt werden, wenn die Integration nur bis zu der effektiven Rotverschiebung $z^*$ erstreckt wird. Im Einstein-de-Sitter-Universum ($q_0 = 1/2$) folgt dann

$$n(\varepsilon, z) = K_p \varepsilon^{-p} \left([1+z]^{s+1,5} - [1+z]^{p+2} [1+z^*]^{-p+s-0,5}\right) \tag{15.8}$$

mit

$$K_p = \frac{V K n^0_{\mathrm{gal}}}{H_0 \mathfrak{T} (p - s + 0,5)} \approx \frac{4,6 \cdot 10^{-3} K (100/H_0)}{(p - s + 0,5)}. \tag{15.9}$$

Als eine direkt beobachtbare Größe berechnen wir den

Gammaquanten-Strom oberhalb einer Energie $\varepsilon$ ($\varepsilon$ in GeV):

$$\int_{\varepsilon}^{\infty} J(\varepsilon')\,\mathrm{d}\varepsilon' \approx \frac{6\cdot 10^5\,K\,P(z^*)}{(p-s+0{,}5)\,(p-0{,}5)\,(p-1{,}25)} \times \left(\frac{\varepsilon}{0{,}14}\right)^{-(4p-5)/3} \tag{15.10}$$

$P(z^*)$ ist ein vom Weltmodell abhängender geometrischer Faktor, der bei nicht zu großen Entwicklungseffekten $\left(s < \frac{4}{3}\cdot(p-0{,}5)\right)$ für große $z^*$ von $z^*$ unabhängig wird, und dann durch $(4[p-0{,}5]/3-s)^{-1}$ gegeben ist. Der Ausdruck (15.10) gilt nur für den hochenergetischen Energiebereich und auch nur insoweit, als Absorptionseffekte der Gammastrahlung vernachlässigt werden können. Mit numerischen Werten für $K$ und $p$, wie sie in Abschnitt 3 angegeben wurden, ist der beobachtete Gammaquantenstrom auch ohne Entwicklungseffekt leicht erhältlich, wenn der Ausdruck (15.10) für Photonenenergien $\lesssim 1$ GeV extrapoliert werden darf; eine genauere Rechnung muß von der vollständigen Gleichung (I.50) ausgehen.

Eine weitere Quelle kosmischer Gammastrahlung könnte Materie—Antimaterie-Annihilierung in den von Harrison, Alfvén und Omnès stammenden Modellen sein, die (bei Mittelung über hinreichend große Gebiete) Materie und Antimaterie im Durchschnitt gleichmäßig verteilt enthalten, und in denen in den Übergangsbezirken Annihilierung auftritt. Der hauptsächlich von der Reaktion $p + \overline{p} \to \pi^+ + \pi^- + \pi^\circ$ und nachträglichem $\pi^0$-Zerfall herrührende Gammastrom ist intensitätsmäßig ohne physikalisches Modell der „Übergangsschicht" zwischen Materie und Antimaterie schwer abschätzbar, jedoch läßt sich die *Form* des Spektrums bestimmen. In einem Bereich $865 \geqq \varepsilon \geqq 5$ MeV läßt sich das Gammaspektrum in der Tat durch ein Potenzgesetz darstellen.

Eine Absorption von Gammastrahlung beim Durchlaufen des kosmischen Raumes kann durch folgende Prozesse erfolgen:

a) Paarproduktion $\gamma + \gamma \to e^+ + e^-$ beim Stoß mit Photonen des intergalaktischen Strahlungsfeldes (Nikischow-Effekt, Anhang I.6);

b) inelastische Paarerzeugungsprozesse durch Stöße der Gammaquanten mit intergalaktischer Materie (Protonen und Elektronen) $p + \gamma \to p + e^+ + e^-$, $e^- + \gamma \to e^- + e^+ + e^-$ (Anhang I.1);

c) Abgabe der Photonenergie durch Compton-Stöße mit den Elektronen des intergalaktischen Mediums (wobei dessen Ionisationszustand unwesentlich ist, da das Gammaquant gebundene Elektronen nicht von freien unterscheiden kann), s. Anhang I.1.

Der Nikischow-Effekt erfordert eine Schwelle $\varepsilon_1 = m^2c^4/\varepsilon$ für die Energie $\varepsilon_1$ eines Gammaquants, wobei $\varepsilon$ die Energie des niederenergetischen Photons ist. Da intensive kosmische Strahlungsfelder unserer Kenntnis nach nur im optischen und Mikrowellen- (bzw. kurzwelligen Radio-) Bereich existieren, liegen die Schwellenenergien $\varepsilon_1$ sehr hoch. Beachtet man, daß die mittlere Energie eines 3-K-Quants wie $\varepsilon = (1 + z)\,\varepsilon_0 \approx 6{,}3 \cdot 10^{-4}\,(1 + z)$ eV mit $z$ ansteigt und daß die Schwelle $\varepsilon_1$ einer zur Zeitepoche $z$ gebildeten Absorptionskante heute bei einer Energie $\varepsilon_1{}^0 = \varepsilon_1/(1 + z)$ liegt, so folgt $\varepsilon_1{}^0 \approx m^2c^4/(\varepsilon_0[1 + z^2])$. Falls die kosmische Gamma-Strahlung tatsächlich in Epochen mit Rotverschiebungswerten von der Ordnung $z \approx 10^2$ entsteht, muß sich eine $\gamma$—$\gamma$-Absorption im isotropen Gamma-Spektrum $\sim$40 GeV bemerkbar machen. Die genauere Rechnung ergibt $\varepsilon_1{}^0 \approx 7{,}1$ GeV als Schwelle. Eine um eine Größenordnung gesteigerte Empfindlichkeit der Empfangsapparaturen dürfte einen Test dieser Voraussage ermöglichen.

Der Nikischow-Effekt beeinflußt nur den höchstenergetischen Bereich des Gammaspektrums. Für niedrigere Energien können Paarerzeugungsprozesse durch Stöße der Gammaquanten mit den Elektronen und Protonen des intergalaktischen Mediums in Erscheinung treten. Unter Annahme eines oberhalb 200 MeV konstanten Total-Querschnittes von $1{,}8 \cdot 10^{-26}$ cm² erhält man mit (II.51) eine Absorptionstiefe 1 für Rotverschiebungswerte $z \approx 150$ (bei $q_0 = 1/2$). Eine solche Absorption würde sich heute für Energien $\varepsilon \approx 200/(1+z) \approx 1{,}3$ MeV bemerkbar machen, natürlich nur dann, falls tatsächlich intensive Gammastrahlungsquellen zu so frühen Entwicklungsphasen der Metagalaxis existiert haben sollten. Für noch niedrigere Energien könnte inelastische COMPTON-Streuung an intergalaktischen Elektronen auftreten. Solange die Photonenenergie klein gegenüber der Ruhmassenenergie 0,5 MeV eines Elektrons ist, d. h. noch für nicht zu harte Röntgenstrahlung, kann diese COMPTON-Streuung in elastischer Näherung (als THOMSON-Streuung) behandelt werden und bewirkt dann lediglich eine Isotropisierung möglicherweise anisotroper diffuser Röntgenstrahlung. Erst im Bereich der Gammastrahlung tritt Absorption auf. Für $h\nu < mc^2$ bleibt der Energieverlust der Gammaquanten klein gegenüber $h\nu$, für $h\nu > mc^2$ ist er von der Ordnung $h\nu$, d. h., hier kann von einer „echten" Absorption gesprochen werden. Für den Absorptionsfaktor $e^{-\tau}$ aus der Zeitepoche $z$ stammender Strahlung erhält man dann mit dem Querschnitt (I.13) aus (II.49) einen (für $q_0 \neq 0$ gültigen) Näherungsausdruck

$$\tau \approx 1{,}85 \cdot 10^{-2} \frac{m_e c^2}{h\nu} \left(\frac{H_0}{100}\right) \left(\frac{1}{2} + \ln\left[2 \frac{h\nu}{m_e c^2}(1+z)\right]\right) \times \left(\sqrt{1 + 2q_0 z} - 1\right), \tag{15.12}$$

aus dem ersichtlich ist, daß für alle Rotverschiebungen $z \leqq 1$ die COMPTON-Absorption relativ gering ist.

Der Kosmos wird somit — vom höchstenergetischen Bereich abgesehen — erst für $\gamma$-Strahlung aus Epochen mit großer ($z \gg 1$) Rotverschiebung undurchsichtig.

## 16. Neutrinos

Bei kosmischen Kernreaktionen und hochenergetischen Wechselwirkungen werden ständig irreversibel Neutrinos erzeugt. Infolge der kleinen Wirkungsquerschnitte von der Ordnung $10^{-44}\,x^2\,\mathrm{cm}^2$ ($x$ der Neutrinoimpuls in MeV/c) ist z. B. die mittlere freie Weglänge eines kosmischen 1 MeV-Elektron-Neutrinos von der Ordnung $\sim 10^{49}$ cm, d. h. groß gegenüber dem überblickbaren Bereich des Kosmos ($10^{28}$ cm). Neutrinoabsorptionen treten praktisch nicht auf; man kann daher erwarten, daß in der Metagalaxis ein beträchtlicher Neutrinofluß existiert. Zuverlässige Abschätzungen existieren z. Z. noch nicht. Die wichtigsten Quellen kosmischer Neutrinos sind:

(a) Sterne, wo im Innern hauptsächlich bei Wasserstoff-Brennprozessen entweder über den CNO-Zyklus oder über die Proton-Proton-Reaktion, zusammengefaßt in der summarischen Reaktion $4p \to \alpha + 2e^+ + 2\nu$, Neutrinos erzeugt werden. Die bei der pp-Ketten-Reaktion $B^8(e^+, \nu)\,Be^8$ auftretenden solaren Neutrinos liefern in Erdentfernung einen Teilchenstrom, der unter Benutzung an Kernreaktoren gemessener Wirkungsquerschnitte und konventioneller Sonnenmodelle zu $1{,}3 \cdot 10^7$ Neutrinos $\mathrm{cm}^{-2}\mathrm{s}^{-1}$ berechnet wurde. Diese Neutrinos sind hinreichend zahlreich und energiereich, um sich durch Absorption in der Reaktion $Cl^{37}(\nu, e^-)\,Ar^{37}$ bemerkbar zu machen. Die Davis und Mitarbeiter geglückte Feststellung eines erheblich *unter* der Erwartung liegenden Neutrinoflusses in Tetrachloräthylen (das zur Reduktion des durch kosmische Strahlung infolge der Reaktion $Cl^{37}(p, n)\,Ar^{37}$ bewirkten Hintergrundes tief unter der Erdoberfläche deponiert wurde) ist allerdings nur schwer mit konventionellen Sonnenmodellen vereinbar. Vom galaktischen Zentrum zu erwartende Teilchenströme sind um einen Faktor $10^{-8}$ gegenüber den solaren reduziert (sofern nicht ungewöhnliche Neutrinoquellen existieren); der Faktor verkleinert sich auf $10^{-11}$ für extragalaktische Neutrinos z. B. vom Andromedanebel.

(b) Späte Phasen der Sternentwicklung. Für hohe Kerntemperaturen $T > 5 \cdot 10^8$ K erfolgt die Energieabstrahlung hauptsächlich in Form von Neutrinoemission, sofern — wie in der V-A-

Theorie von FEYNMAN und GELL-MANN angenommen — eine direkte Elektron-Neutrino-Wechselwirkung existiert. Wichtige Prozesse sind der Paar-Annihilierungsprozeß $e^+ + e^- \rightarrow \nu_e + \bar{\nu}_e$ und der Plasma-Neutrinoprozeß, bei dem ein mit einem Elektronengas (mit der Plasmafrequenz $\omega_0$) wechselwirkendes und daher mit einer effektiven Ruhmasse $\hbar\omega_0/c^2$ ausgestattetes Photon („Plasmon") direkt in ein Neutrino-Antineutrinopaar zerfallen kann.

(c) Hochenergetische Neutrinos ($\varepsilon > 100$ MeV) können bei Wechselwirkungen mit hochenergetischen Teilchen (wie den Partikeln der kosmischen Strahlung) erwartet werden. Die bei Stößen hochenergetischer Protonen produzierten $\pi$- und $\mu$-Mesonen liefern bei ihrem Zerfall sowohl $e$-Neutrinos als auch (in doppelter Zahl) $\mu$-Neutrinos und ihre Antiteilchen (Anhang I.7).

Neutrinos können noch in anderer Form eine entscheidende Rolle im Kosmos spielen, nämlich als entartete Neutrinos niedriger Energie aber so hoher Anzahl, daß das kosmologische Gravitationsfeld ausschließlich durch Energiedichte und Strahlungsdruck des Neutrinogases erzeugt wird. Wie in Abschnitt 8 erläutert, tritt dieser Fall auf, wenn eine der Leptonenzahldichten groß gegenüber der der kosmischen Baryonenzahldichte $b$ ist (ein Beitrag von der Ordnung $b$ zu $l_e$ ist bereits wegen der Existenz von Elektronen vorhanden). Baryonen- und Leptonenzahlerhaltung hat zur Folge, daß dieses Verhältnis im Laufe der kosmischen Entwicklung konstant bleibt. Obwohl es unwahrscheinlich erscheinen mag, daß Neutrinos in diesem Sinne eine beherrschende Rolle im Kosmos spielen sollen, ist eine solche Möglichkeit z. Z. weder theoretisch noch beobachtungsmäßig auszuschließen. Für eine kurze Diskussion des neutrinodominanten Kosmos werde Homogenität und Isotropie von Neutrinoverteilung und Gravitationsfeld angenommen; eine primordale Anisotropie des Neutrinokosmos dürfte durch die in Abschnitt 8 erwähnten Relaxationsprozesse abklingen. Von den vier möglichen Haupttypen eines Neutrinokosmos (dominante $\mu$ oder $e$-Neutrinos bzw. entsprechende Antiteilchen) werde als Beispiel ein $\mu$-Neutrino-Kosmos betrachtet. In diesem Falle ist der Entartungsparameter $\alpha$ in Gleichung (II.43) eine betragsmäßig große negative Zahl. Für Gleichgewichtstemperaturen $kT \gg mc^2/|\alpha|$ sind, wie eine nähere Diskussion zeigt, unterhalb der Baryonenschwelle neben $\mu$-Neutrinos auch $\mu^-$-Mesonen, $e$-Neutrinos und Positronen in etwa vergleichbarer Anzahl vorhanden, während ihre Antiteilchen praktisch fehlen. Die $\mu^-$-Mesonendichte wird bei $kT \approx m_\mu c^2/|\alpha|$ vernachlässigbar klein, und auch die anderen Teilchen verschwinden mit Ausnahme der $\mu$-Neutrinos. Für alle Temperaturen $kT < m_\mu c^2/|\alpha|$ stellen die $\mu$-Neutrinos dann den beherrschenden Teilchentyp dar, dem noch kleine Mengen von Protonen, Elektronen und Photonen beigemischt sind. Die Neutrino-Verteilungsfunktion ist im Gleichgewicht durch

$$n(\varepsilon)\,\mathrm{d}e = \frac{\varepsilon^2 \mathrm{d}\varepsilon}{h^3 c^3}\,(e^{\varepsilon/kT+\alpha} + 1)^{-1} \tag{16.1}$$

gegeben, woraus die Neutrinodichte zu

$$\bar{n} = 4\pi \int_0^\infty n(\varepsilon)\,\mathrm{d}\varepsilon = 4\pi \left(\frac{kT}{hc}\right)^3 \int_0^\infty \frac{x^2\,\mathrm{d}x}{e^{x+\alpha}+1} \approx \frac{4\pi\varepsilon^3{}_F}{3h^3c^3} \tag{16.2}$$

mit $\varepsilon_F = kT|\alpha|$ als FERMI-Energie folgt. Energiedichte und Druck des Neutrinogases ergeben sich aus (II.42) zu

$$\varrho c^2 = bT^4, \quad p = \frac{1}{3}\varrho c^2, \tag{16.3}$$

wobei die Neutrinostrahlungskonstante $b$ näherungsweise den Wert

$$b = \frac{4\pi k^4}{h^3 c^3} \int_0^\infty \frac{x^3\,\mathrm{d}x}{1+e^{x+\alpha}} \approx 0{,}019\,|\alpha|^4\,a \tag{16.4}$$

besitzt ($a$ die normale Strahlungskonstante). Die Verteilungsfunktion $n(\varepsilon, t)$ genügt der Differentialgleichung

$$\frac{\partial n}{\partial t} - \frac{\dot{R}}{R}\left(\varepsilon\frac{\partial n}{\partial \varepsilon} - 2n\right) = -n\left(ac + q\frac{h^3c^3}{\varepsilon^2}\right) + q \qquad (16.5)$$

(Infolge des PAULI-Prinzips hängt die Emission niederenergetischer Neutrinos von der bereits erfolgten Besetzung möglicher Teilchenzustände ab; der Emissionskoeffizient in (16.5), d. h. die pro cm³ und s erzeugte Anzahl von Neutrinos im Energiebereich $\varepsilon$, $\varepsilon + d\varepsilon$, ist daher durch $q(1 - nh^3c^3/\varepsilon^2)$ zu ersetzen.)

Nach Zerfall der $\mu$-Mesonen hören die Wechselwirkungen der $\mu$-Neutrinos mit Materie praktisch auf und die rechte Seite von (16.5) verschwindet. Die Lösung (16.5) ist bereits durch (16.1) gegeben, wobei die Temperatur wie $1/R$ abfällt. Für die Zeitabhängigkeit von $R$ gelten die Gleichungen des Strahlungskosmos (II.18), (II.19):

$$R^2 = Ct - kc^2t^2,$$
$$c^2\varrho = 3C^2/(32\pi GR^4). \qquad (16.6)$$

Die FERMI-Energie $\varepsilon_F = kT|\alpha|$ hängt gemäß

$$\varepsilon_F = \left(\frac{3c^5h^3}{32G\pi^2}\right)^{1/4}\left(t - \frac{hc^2t^2}{C}\right)^{-1/2} \qquad (16.7)$$

von der Zeit ab. Das Weltmodell ist durch zwei Parameter, etwa $\alpha$ und C, bestimmt; unsere augenblicklich zeitliche Position im Kosmos führt einen dritten Parameter, etwa das Weltalter $t_0$, ein. Die Beziehung zu $H_0$ und $q_0$ wird durch

$$\left.\begin{aligned} C &= \frac{2c^2\sqrt{q_0}\,k}{H_0(q_0-1)} \\ t_0 &= \frac{\sqrt{q_0}-1}{(\tau_0-1)H_0} \end{aligned}\right\}\begin{aligned} &q_0 \neq 1, \quad C = 2R_0{}^2H_0 \\ &k \neq 0, \quad t_0 = H_0/2 \end{aligned}\left.\vphantom{\frac{a}{b}}\right\}\begin{aligned} &q_0 = 1, \\ &k = 0 \end{aligned} \qquad (16.8)$$

gegeben, ferner gilt

$$\varrho c^2 = \frac{3 H_0^2}{8 \pi G} q_0 . \qquad (16.9)$$

Die zur Schließung des Kosmos nötige Energiedichte ist wie im Materiekosmos $c^2 \varrho_{\text{krit}} = \frac{3 H_0^2}{8 \pi G}$, entspricht jedoch einem Werte $q_0 = 1$ statt $q_0 = 1/2$. Ein Neutrinokosmos könnte so die Diskrepanz zwischen der $q_0$-Bestimmung und der Galaxiendichte (Anhang II) erklären. Die physikalische Entwicklung der Metagalaxis verläuft seit dem Ausfrieren der Neutrinos ähnlich wie in konventionellen Modellen (mit Ausnahme der primordalen Elementbildung, vgl. Abschnitt 9). Die gegenwärtige FERMI-Energie hängt gemäß $\varepsilon_F = \text{const}\,(q_0 H_0^2)^{1/4}$ nur schwach von $H_0$ und $q_0$ ab und ist (mit $H_0 = 100$ km (s Mpc)$^{-1}$, $q_0 = 1/2$) von der Ordnung $7{,}5 \cdot 10^{-3}$ eV. Eine weitere Abschätzung, $|\alpha| \approx +30$, ergibt sich dann daraus, daß die Neutrinotemperatur etwas unterhalb der 2,7-K-Photonentemperatur liegen muß. Die gegenwärtige Neutrinodichte würde mit $10^6$ Neutrinos cm$^{-3}$ um Größenordnungen alle anderen Teilchendichten übertreffen. Der geringe Neutrinoquerschnitt wird damit jedoch nicht kompensiert, d. h., auch dieses dichte Neutrinogas zeigt praktisch keine Wechselwirkung mit Materie. $\mu$-Neutrino-Reaktionen erfordern zudem noch eine Schwellenergie von der Ordnung der $\mu$-Meson-Ruhmasse. Indirekte Bestimmungsmethoden infolge Beeinflussung der $\beta$-Zerfallswahrscheinlichkeit durch schon besetzte Neutrinozustände sind im Prinzip möglich, für $10^{-3}$ eV-Neutrinos jedoch offenbar nicht empfindlich genug. Das Neutrino-Universum bleibt daher eine zwar interessante, aber experimentell noch nicht entscheidbare Möglichkeit.

## 17. Gravitationsstrahlung

### a) *Theorie*

In den letzten Jahren ergaben sich einige konkrete Hinweise, daß Gravitationsstrahlung, d. h. sich *raumzeitlich korreliert fortpflanzende Änderungen des Gravitationsfeldes*, eine Rolle in kosmischen Prozessen spielen: Pulsare als rotierende und nicht exakt kugelsymmetrisch aufgebaute Neutronensterne müssen auch Gravitationsstrahlung emittieren, vor allem aber eröffnete der vermutliche experimentelle Nachweis von Gravitationsstrahlung durch J. WEBER der Astrophysik diesen neuen Informationskanal.

Theoretisch folgt die Existenz von Gravitationsstrahlung aus der Struktur der EINSTEINschen Feldgleichungen als quasilineare hyperbolische Differentialgleichungen zweiter Ordnung für den metrischen Tensor, die ähnlich wie die MAXWELLschen Gleichungen eigene Freiheitsgrade des Feldes zulassen. In linearer Näherung der Feldgleichungen, d. h. bei nur schwacher Abweichung der geometrischen Struktur des Raumes von der eines MINKOWSKI-Raumes mit der Metrik $\eta_{\mu\nu} = \mathrm{diag}\,(-1, 1, 1, 1)$ gilt mit $g_{\mu\nu} = \eta_{\mu\nu} + h_{\mu\nu}$ für $\varphi_{\mu\nu} = h_{\mu\nu} - \frac{1}{2}\eta_{\mu\nu} h_{\alpha\beta}\eta^{\alpha\beta}$ neben der Eichbedingung $\Psi_{\mu\nu,\varrho}\eta^{\nu\varrho} = 0$ die Wellengleichung

$$\Box \Psi_{\mu\nu} = -2\varkappa\, T_{\mu\nu} \tag{17.1}$$

($\Box$ der D'ALEMBERT-Operator, $T_{\mu\nu}$ der Energie-Impulstensor der Materie). Die Wellenlösungen $\Psi_{\mu\nu}$ ergeben sich aus (17.1) als retardierte Potentiale, wobei die Eichbedingung $\Psi_{\mu\nu,\varrho}\eta^{\nu\varrho} = 0$ die Divergenzfreiheit des Materietensors im MINKOWSKI-Raum

$$T_{\mu\nu,\varrho}\eta^{\nu\varrho} = 0\,, \tag{17.2}$$

zur Folge hat. (17.2) stellt die Bewegungsgleichung des physikalischen Systems bei Vernachlässigung gravitativer Wechselwirkungen dar; es fehlt die Rückwirkung der Strahlung auf die Bewegung — die Strahlungsdämpfung —, so daß der Energieverlust des Systems in dieser Näherung nicht aus den geänderten Bewegungsverhältnissen errechnet werden kann. Man erhält ihn jedoch aus dem gravitativen POYNTING-Vektor des Strahlungsfeldes durch Integration über eine große, das betrachtete System einschließende Kugel. Wird der Massen-Quadrupoltensor des Systems durch

$$I_{ik} = \int \varrho(\mathbf{x})\,(3x^i x^k - \delta^{ik} x^l x^l)\,\mathrm{d}\mathbf{x} \tag{17.3}$$

eingeführt, so läßt sich der Energieverlust durch

$$\frac{-\mathrm{d}E}{\mathrm{d}t} = \frac{G}{45c^5}(\dddot{I}_{ik})^2, \tag{17.4}$$

der Drehimpulsverlust durch

$$\frac{-\mathrm{d}L_i}{\mathrm{d}t} = \frac{2G}{45c^5}\varepsilon_{ijk}\ddot{I}_{jm}\dddot{I}_{km} \tag{17.4}$$

ausdrücken. Man erkennt, daß die Emission von Gravitationswellen eine Folge von bestimmten *Massenbewegungen* ist. Im Unterschied zur Elektrodynamik tritt keine Dipolstrahlung auf. Die Gleichungen (17.3), (17.4) können größenordnungsmäßig

$$|\dot{E}| = \frac{c}{45l} M c^2 \left(\frac{v}{c}\right)^6 r_g/l$$

$$|\dot{L}_i| = \frac{2}{45} M c^2 \left(\frac{v}{c}\right)^5 r_g/l \tag{17.5}$$

geschrieben werden, wobei $v$ eine mittlere Geschwindigkeit der Materie ist, $M$ die Gesamtmasse, $l$ die Ausdehnung und $r_g = MG/c^2$ den Gravitationsradius des Systems darstellt. Es ist ersichtlich, daß *schnelle* Bewegungen *großer* auf *kleinem Raum* konzentrierter Massen hohe Emissionsraten von Gravitationsstrahlung ergeben. Insbesondere können bei relativistischen Geschwindigkeiten ($v \approx c$) Energiebeträge bis zur Größenordnung der Ruhmasse emittiert werden. Es muß jedoch betont werden, daß bereits die Gleichungen (17.3) bis (17.4) nur näherungsweise gelten, da in allen kosmischen Objekten mit merklicher Gravitationsstrahlung auch das innere Gravitationsfeld intensiv ist (d. h. der Gravitationsradius $r_g$ nicht mehr um Größenordnungen unter der charakteristischen Ausdehnung $l$ liegt) und daher nicht mehr durch die linearisierten Feldgleichungen (17.1) beschrieben werden kann. Die Gleichungen (17.5) können nur zur ersten groben Orientierung dienen.

Als Quellen merklicher Gravitationsstrahlung kommen im Prinzip u. a. in Frage

a) Enge Doppelsterne. Bei Mittelbildung über die Periode folgt aus (17.4) für die Energieabstrahlung eines Doppelsternsystems mit den Massen $m_1$, $m_2$ und kleiner Exzentrizität

$$-\dot{E} = \gamma \frac{G m_1 m_2}{8 l^5}, \quad \gamma = \frac{256}{5c^5} G^3 m_1 m_2 (m_1 + m_2), \qquad (17.6)$$

$l$ ist der Abstand der Massen. Die Winkelgeschwindigkeit ist durch $\omega^2 = G(m_1 + m_2)/l^3$ gegeben. Für zwei gleiche Massen ergibt sich insbesondere $\dot{E} = 1{,}5 \cdot 10^{59} x^5$ [erg/s], d. h., die emittierte Energie hängt nur vom Verhältnis $x$ des SCHWARZSCHILD-Radius $m_1 G/c^2$ einer Masse zum Abstand $l$ der Massen ab. Infolge der Energie- und Drehimpulsabstrahlung verkleinert sich $l$, so daß die emittierten Energiebeträge immer größer werden und schließlich ein Kollaps des Systems eintritt. Die Kollapszeit $\tau = l^4/\gamma$ ist für normale enge Doppelsterne groß gegenüber sonstigen Entwicklungszeiten; dies entspricht kleinen Beträgen emittierter Strahlungsenergie. Sie ist wesentlich kürzer, wenn eine Komponente (oder auch beide) ein Neutronenstern oder ein kollabiertes Objekt ist. Für ein Neutronensternpaar mit gleichen Massen ($\sim 1\,M_\odot$) und einem in Einheiten des Gravitationsradius $l_g$ ($\sim 1{,}5$ km) einer Masse gemessenen Abstand $l$ gilt $\tau \approx 5 \cdot 10^{-8} \left(\frac{l}{l_g}\right)^4$ s.

*b) Pulsierende und „schief" rotierende Neutronensterne*

Die bei Supernovaexplosionen unter geeigneten Bedingungen entstehenden Neutronensterne (Abschnitt 1) zeigen als Folge der Bildung im Verlaufe eines zu hohen kinetischen Energien führenden Kollaps wahrscheinlich zunächst heftige unregelmäßige Pulsations- und Rotationsbewegungen, bei denen erhebliche Beträge von Gravitationsstrahlung emittiert werden können. Nichtradiale Oszillationen in einem kugelsymmetrischen Stern mit dem Radius $R$ lassen sich durch einen Ansatz

$$r(\theta) = R\left(1 + \sum_i a_i P_i(\theta)\right) \tag{17.7}$$

mit LEGENDREschen Polynomen $P_i(\theta)$ und den Zeitfunktionen $a_i$ darstellen. Die lineare Theorie ergibt für $a_2$ eine exponentielle Abklingzeit

$$\tau_2 = \frac{25 c^5 (T_2/2\pi)^4}{4 m G R^2} \text{ [s]} \tag{17.8}$$

infolge Gravitationsabstrahlung; $T_2$ ist die Oszillationsperiode. Höhere Amplituden $a_i$ mit $i > 2$ nehmen nur wie $a_{i0}(1 + t a_{i0}{}^2/\tau_i)^{-1}$ ($a_{i0}$ ein Anfangswert der Amplituden) ab; jedoch könnte die zur Energieäquipartion beitragende vernachlässigte nichtlineare Kopplung der verschiedenen Moden eine stärkere effektive Dämpfung ergeben. Man kann danach erwarten, daß nichtradiale Oszillationen bereits kurze Zeit ($\sim 1$ s) unter der Emission von Energien der Ordnung $10^{52}$ erg abgeklungen sind. Eine Rotation hat zunächst zur Folge, daß auch radiale Oszillationsmoden infolge Gravitationsabstrahlung abklingen können. Eine Dämpfung der Rotationsbewegung selbst tritt auf, wenn der Neutronenstern *nicht* um seine – etwa durch die „magnetische Achse" eines starken Dipolfeldes gegebene – Symmetrieachse rotiert. Mit $T$ als Rotationsperiode ergibt sich als Abstrahlungsrate

$$-\dot{E} = \frac{lg}{l} \frac{(2\pi)^6 m l^5}{10 c^3 T^6} (1 - 2q^2) \sin^2 \chi \, (1 + 15 \sin^2 \chi), \tag{17.9}$$

wobei $q$ das Verhältnis der Halbachsen des etwa durch ein starkes Magnetfeld in ein Rotationsellipsoid deformierten Sterns sowie $\chi$ der Winkel zwischen der Symmetrie- und Rotationsachse ist. (Im Vergleich zur Dämpfung der Oszillationen erfolgt die Rotationsdämpfung nur langsam, so daß man erwarten kann, daß Pulsare zwar noch rotierende, aber wahrscheinlich nicht mehr oszillierende Neutronensterne sind).

*c) Dichte Sternsysteme*

In dichten Sternsystemen sind nahe Begegnungen relativ häufig, bei denen es ebenso wie bei Doppelsternen zu Emission von Gravitationsstrahlung kommt. Daneben kann durch die Bewegung eines Sterns im Felde aller übrigen Gravitationsstrahlung emittiert werden. Wieder sind diese Effekte für normale Haufen wie Kugelsternhaufen vernachlässigbar klein. Systeme von Neutronensternen — die bereits hypothetisch als Quasar-Modelle vorgeschlagen wurden — sind aber wegen der Emission von Gravitationsstrahlung hochgradig instabil und kollabieren in kurzer Zeit, wenn die Parameter so gewählt werden, daß die von WEBER beobachteten Signale damit erklärt werden können.

Neben der Strahlung von diskreten Objekten könnte eine diffuse gravitative „Hintergrundsstrahlung" existieren, etwa als Folge thermischer Prozesse im primordalen Stadium der Metagalaxis. Bei allen in Abschnitt 8 betrachteten metagalaktischen Stadien mit Temperaturen $T > 10^{10}$ sind Gravitonen, die Quanten des freien Gravitationsfeldes, noch freie Teilchen. Der Wirkungsquerschnitt etwa für die Gravitonen-Annihilierung eines Elektron-Positron-Paares ist von der Ordnung $\sigma \sim r_m^2$ mit $r_m = m_e G/c^2 = 6{,}7 \cdot 10^{-56}$ cm als Gravitationsradius des Elektrons, so daß sich für die Temperatur $T_g$ des Ausfrierens der Gravitonen aus einem universellen thermischen Gleichgewicht mit der Bedingung $2tn_e\sigma c \approx 1$ der phantastisch hohe Wert $T_g \approx 10^{44}$ K ergeben würde. Bei Gültigkeit der normalen Quantenstatistik auch unter diesen Bedingungen wäre die spektrale Verteilung der Bosonen vom Spin 2 darstellenden Gravitonen durch eine PLANCKsche Funktion zu einer wie $1/R$ im Laufe der Zeit abnehmenden Temperatur gegeben. Thermische Gravitonen können jedoch — im Unterschied zu Neutrinos (als Folge der Nichterhaltung einer „Gravitonenladung") keine beherrschende Rolle derart spielen, daß ihre gravitative Wirkung das kosmologische Gravitationsfeld erzeugt: Ihre Temperatur liegt infolge der für Photonen durch verschiedene Teilchen-Antiteilchen-Annihilationsprozesse auftretenden Aufheizung unterhalb der Photonentemperatur mit einer entsprechend $\sim T^4$ stark reduzierten Energiedichte. Auch in anderer Hinsicht ist der Einfluß thermischer Gravitonen in erster Näherung zu vernachlässigen; ihre Berücksichtigung bei der primordalen Elementbildung würde — sogar Temperaturgleichheit mit dem Photonengas angenommen — den $He^4$-Anteil nur um wenige % erhöhen.

Die Situation ist für nichtthermische Gravitationsstrahlung ganz anders. Die Energiedichte eines solchen diffusen Strahlungsfeldes könnte um Größenordnungen höher liegen als die thermischer Strahlung. Die Frage nach seinem Ursprung wird gegenstandslos, wenn angenommen werden kann, daß bereits im primordalen Spektrum gravitativer Störungen die transversalen Freiheitsgrade in entsprechender Weise angeregt sind. Insbesondere ist es denkbar, daß die Energie nichtthermischer Gravitationsstrahlung alle anderen Energieformen im Kosmos übertrifft, d. h., daß ein gravitativer Strahlungskosmos realisiert ist. Gegen ein solches Modell sprechen zunächst nicht mehr Gründe, als sie gegen jeden Strahlungskosmos geltend gemacht werden können[1]).

Für einige quantitative Überlegungen nehmen wir an, daß gravitative Hintergrundsstrahlung als Störung zu einer Einstein-de-Sitter-Metrik angesehen werden kann, die in normaler Weise durch „staubförmige" Ma-

[1]) Von Peebles wurde bemerkt, daß der Betrag des primordal gebildeten Deuteriums im gravitativen Strahlungskosmos höher liegen würde, als er der mittleren kosmischen Häufigkeit entspricht; jedoch gibt es Hinweise darauf, daß sich infolge nichtlinearer gravitativer Wechselwirkung der Gravitationsstrahlung ihre aktive Gravitationsmasse verringert, was zu einer Verlängerung der Zeitskala bis zum Beginn der Deuteriumproduktion und damit zu einer Verringerung des erzeugten Deuteriums führen würde (Abschnitt 9).

terie erzeugt wird:

$$\mathrm{d}s^2 = -c^2\mathrm{d}t^2 + (R^2\,\delta_{ik} + \underset{1}{g}_{ik})\,\mathrm{d}x^i\,\mathrm{d}x^k. \qquad (17.10)$$

Mit der Zeitkoordinate $\eta = (t/t_0)^{1/3}$ erfüllt

$$\underset{1}{g}_{ik} = \frac{R^2}{\eta}\frac{\partial}{\partial\eta}\left(\frac{1}{\eta}D_{ik}\right) \qquad (17.11)$$

mit $D_{ik}$ als Lösung der Wellengleichung

$$\left(-\frac{\partial^2}{\partial\eta^2} + \nabla^2\right)D_{ik} = 0 \qquad (17.12)$$

die (um die EdS-Metrik linearisierten) Feldgleichungen. Die Größen $D_{ik}$ lassen sich als Überlagerung ebener Wellen schreiben:

$$D_{ik} = \int \tilde{D}_{ik}(\mathrm{k})\exp\left[i\mathbf{k}\mathbf{x} - i k\eta\right] + \text{conj. comp.} \qquad (17.13)$$

$$\mathrm{k} = (kk)^{1/2}.$$

Eine realistische Beschreibung kosmischer Gravitationsstrahlung erfordert ebenso wie diejenige elektromagnetischer Strahlung die Darstellung der Wellenamplituden durch einen Zufallsprozeß. In diesem Sinne ist das Integral (17.13) als stochastisches Fourier-Integral zu verstehen. Wird (17.10) als Beginn einer Entwicklung der Metrik nach einem kleinen Parameter angesehen, so zerfällt der Ricci-Tensor in entsprechende Anteile

$$R_{\mu\nu} = \underset{0}{R}_{\mu\nu} + \underset{1}{R}_{\mu\nu} + \underset{11}{R}_{\mu\nu} + \cdots \qquad (17.14)$$

die der Reihe nach den Ricci-Tensor des EdS-Modells, die in $\underset{1}{g}_{\mu\nu}$ linearen bzw. bilinearen Terme darstellen. Die Feldgleichungen ergeben zunächst $\underset{1}{R}_{\mu\nu} = 0$, eine zu (17.11) und (17.12) äquivalente Relation. Stochastische Mittelbildung an den Feldgleichungen (wobei $\underset{0}{g}_{\mu\nu}$ und die Komponenten des Materietensors als deterministische Größen aufzufassen sind) liefert dann als Quelle der ungestörten

Metrik neben dem üblichen Materietensor auch einen Energie-Impuls-Tensor des Gravitationsstrahlungsfeldes, der Auskunft über die aktive Gravitationsmasse der Gravitationsstrahlung und damit über ihre Energie gibt. Der Tensor hat die Form des Energietensors ultrarelativistischer Strahlung:

$$T^{\text{rad}}_{\mu\nu} = \delta_\mu{}^0 \delta_\nu{}^0 (\varrho c^2 + p) + g_{\mu\nu} p \tag{17.15}$$

wobei für Energiedichte $\varrho c^2$ und Druck $p$

$$\varkappa \varrho c^2 = 3 \varkappa p = \frac{8 \pi c^2 R_0{}^2}{R^4} \int\limits_0^\infty d k \, k^6 \vartheta(k) \tag{17.16}$$

gilt. $\vartheta(k)$ ist der wesentliche Anteil der FOURIER-Transformierten der Autokorrelationsfunktion von $D_{ik}$:

$$\langle D_{ik}(\mathbf{x}, \eta) \, D_{em}(\mathbf{x}', \eta') \rangle = \int \vartheta(k) \, (\bar{\delta}_{ie} \bar{\delta}_{km} + \bar{\delta}_{im} \bar{\delta}_{ke} - \bar{\delta}_{ik} \bar{\delta}_{em}) \, e^{i\mathbf{k}(\mathbf{x}-\mathbf{x}') - ik(\eta-\eta')} \, d\mathbf{k} + \text{conj. compl.} \tag{17.17}$$

$$\bar{\delta}_{ik} = \delta_{ik} - k_i k_k / k^2 .$$

Die einfache Form der Autorkorrelationsfunktion von $D_{ik}$ ergibt sich aus der im Einklang mit dem Symmetriecharakter des Weltmodells zu fordernden Homogenität und Isotropie des Zufallsfeldes $D_{ik}$. Das Spektrum $\vartheta(k)$ ist im wesentlichen noch unbekannt, jedoch ergeben sich aus den verschiedenen Bemühungen eines Nachweises von Gravitationsstrahlung für einige Spektralbereiche Anhaltspunkte, die zumindest die Angabe oberer Grenzen für $\vartheta(k)$ oder für die zugehörige spektrale Energiedichte $c^2 \varrho(k) = \vartheta(k) \, k^6$ gestatten. Eine allgemeine Bedingung folgt bereits daraus, daß die gemäß (17.16) berechnete Gesamt-Energiedichte $\varrho c^2$ den kritischen Wert von $2 \cdot 10^{-28}$ g cm$^{-3}$ nicht wesentlich überschreiten darf.

Der Anteil zur Gesamtenergiedichte ist bei gleicher Größenordnung der metrischen Störung um so geringer, je größer die Wellenlänge ist. Umgekehrt wachsen die erlaubten metrischen Störungen und damit die beobachtbaren Effekte der Gravitationsstrahlung mit der Wellenlänge an.

### b) *Beobachtungen*

Eine Messung von Gravitationsstrahlung beruht auf den Wirkungen, die das Strahlungsfeld — genauer der RIEMANN-Tensor der einfallenden Gravitationswelle — auf Testpartikel oder elastische Körper ausübt. Im einfachsten Falle besteht ein idealisierter Gravitationswellen-Detektor aus zwei etwa durch eine Feder verbundenen Massen $m$. Dieser harmonische Oszillator wird in einem Gravitationsstrahlungsfeld in erzwungene Schwingungen gesetzt, die gemäß WEBER einer Gleichung

$$\frac{\mathrm{d}^2 \xi^i}{\mathrm{d}t^2} + \frac{D}{m}\frac{\mathrm{d}\xi^i}{\mathrm{d}t} + \frac{k\xi^i}{m} = -c^2 R^i_{\mathrm{oko}} r^k \qquad (17.10)$$

genügen, wobei $r^i$ der die beiden Massen verbindende Radiusvektor ist und $\xi^i$ die relativen Verschiebungen bezeichnet. Einer ähnlichen Gleichung genügen die Kompressionsschwingungen eines elastischen Körpers. Insbesondere kann auch die Erde selbst als Gravitationsstrahlungsantenne für niedrige Frequenzen (die Grundschwingung der Erde liegt bei $2 \cdot 10^{-3}$ Hz) dienen; für Wellenzahlen $k = \nu/c$ in der Nähe von $10^{-14}\,\mathrm{cm}^{-1}$ ergibt sich so aus seismischen Beobachtungen $c^2\varrho(k) \lesssim 6$ $10^7$ erg cm$^{-1}$ s$^{-1}$. Zur Messung höherer Frequenzen wurden von WEBER die in der Nähe von 1660 Hz liegenden Eigenschwingungen eines massiven Aluminiumzylinders von 1,5 m Länge, 60 cm Durchmesser und 1,5 to Gewicht benutzt, der im Vakuum sorgfältig isoliert aufgehängt wurde. Piezoelektrische Kristalle an den Zylinderoberflächen wandeln die Zylinderschwingungen in meßbare elektrische Signale um. Die Störquellen konnten soweit herabgedrückt werden, daß nur das unvermeidliche thermische Rauschen (entsprechend zufälligen Fluktuationen der beiden Zylinderenden von der Ordnung $10^{-14}$ cm) die Empfindlichkeit einschränkt. Dieser seit 1965 in Benutzung befindliche Detektor zeigte kurzzeitige Anregungen, deren Deutung zunächst noch nicht sichtbar war. Neben Gravitationsstrahlung können – trotz sorgfältiger Abschirmung mit akustischen Filtern – Erdbeben, ungewöhnlich intensive Geräusche, kosmische Strahlpartikel usw. den Detektor erregen; zur Kontrolle wurden u. a. eine Reihe empfindlicher seismischer Geräte installiert. Eine relative Sicherheit in der Interpretation der erhaltenen Signale als durch Gravitationsstrahlung hervorgerufen wurde jedoch erst dann gewonnen, als ein zweiter gleichartiger Detektor etwa 1000 km entfernt aufgestellt wurde und sich zeigte, daß Koinzidenzereignisse mit einer weit über der statistischen Erwartung liegenden Häufigkeit auftreten. Zwischen Januar und November 1969 wurden über 100 Ereignisse registriert. Unter Ausnutzung der Richtungsabhängigkeit der Antenne und der Erdrotation konnte festgestellt werden, daß ein Ereignismaximum in Richtung zum galaktischen Zentrum besteht. Jedes Ereignis entspricht einem über ein Frequenzband von $1{,}6 \cdot 10^{-2}$ Hz um 1660 Hz integrierten Energiestrom von $10^4$ erg cm$^{-2}$ s$^{-1}$ (dieser Wert ist möglicherweise zu hoch); die Dauer eines Ereignisses ist $\lesssim 0{,}4$ s. Um eines dieser Ereignisse zu produzieren, müßte eine Quelle in 1 kpc Entfernung eine Energie von $10^{52}$ erg emittieren, d. h. einen Energiebetrag, wie er einem starken Supernova-Ausbruch entspricht. Falls das galaktische Zentrum eine intensive Quelle von Gravitationsstrahlung ist, müßte ein zu einschneidenden dynamischen Konsequenzen Anlaß gebender Massenverlust der Galaxis (300 $M_\odot$/Jahr) auftreten.

Die Energieforderungen werden noch beträchtlicher, wenn die naheliegende Interpretation der Weberschen Messungen als direkte *Evidenz für die Existenz eines uni-*

*versellen diffusen Gravitationsstrahlungsfeldes* angenommen wird. In diesem Fall wären die beobachteten korrelierten Ereignisse nur zufällig über der Detektorschwelle liegende Schwankungen der Strahlungsamplituden, deren Häufigkeit von der statistischen Verteilungsfunktion für die Amplituden abhängen würde. Man wird dann annehmen können, daß die Korrelationslänge (Kohärenzlänge) $l$ des Strahlungsfeldes die Wellenlänge ($\lambda = 180$ km) nicht wesentlich übersteigt (d. h., daß das gravitative Strahlungsfeld keinen „laserartigen" Charakter besitzt). Ein Test dieser Vermutung würde sich aus der Feststellung einer Abhängigkeit der Koinzidenzzahl von der Entfernung der Detektoren (1000 km oder 5,5 Wellenlängen im WEBERschen Experiment) ergeben. Der Korrelationslänge $l$ entspricht eine Korrelationszeit (oder Kohärenzzeit) $t = l/c$, die dann ebenfalls nicht um Größenordnungen über der Schwingungsperiode von $6 \cdot 10^{-4}$ s liegen sollte. Mit dieser kurzen Korrelationszeit ist das stoßweise Auftreten der Koinzidenzen verständlich: Über *mehrere* Korrelationszeiten auftretende, das Mittel beträchtlich übersteigende zufällige Schwankungen sind außerordentlich unwahrscheinlich.

Eine quantitative Abschätzung erhält man aus der Annahme, daß die Hintergrundsstrahlung ähnlich wie thermisch erzeugtes Licht durch einen GAUSSschen Zufallsprozeß beschrieben werden kann. In diesem Fall ist die Wahrscheinlichkeit $w$, daß die Intensität etwa im Bereiche einer Korrelationszeit um einen Faktor $f$ über dem Mittelwert liegt, durch $w = 1 - \Phi(\sqrt{f})$ mit $\Phi$ als Fehlerfunktion $\Phi(x) = 2\pi^{-1/2} \int\limits_0^x e^{-t^2}\,\mathrm{d}t$ gegeben. Mit einem angenommenen Wert von etwa einer Koinzidenz/Tag ist $w \approx 6 \cdot 10^{-9}$, woraus sich $f \approx 17$ ergibt. Entspricht jedes dieser Ereignisse einem über das Frequenzband integrierten Energiestrom von $10^4$ erg cm$^{-2}$ s$^{-1}$, so ist der mittlere Energiestrom $10^4/f$ erg cm$^{-2}$ s$^{-1}$ und die äquivalente Materiedichte von der Ordnung $2 \cdot 10^{-28}$ g cm$^{-3}$.

Bereits innerhalb der kleinen gemessenen Frequenzintervalle würde sich so eine an die kritische heranreichende Energiedichte ergeben. Auch die Interpretation der WEBERschen Ereignisse als durch gravitative Hintergrundsstrahlung hervorgerufen erweist sich also als zweifelhaft.

# Anhang I. Physikalische Elementarprozesse

## I.1. COMPTON-Effekt

Der COMPTON-Effekt beschreibt die Wechselwirkung eines in astrophysikalischen Anwendungen gewöhnlich hochenergetischen Elektrons (mit der Energie $\varepsilon$ im kosmischen Bezugssystem $\Sigma$, $\varepsilon = \gamma\, mc^2$, $\gamma = (1 - \beta^2)^{1/2}$, $\beta = v/c$) mit einem Photon (Energie $h\nu$ im gleichen Bezugssystem): $e^- + \nu \rightarrow e_1^- + \nu_1$. Die entsprechenden Energien nach dem Stoß seien $\varepsilon_1$ und $h\nu_1$; $\pi - \alpha$ bzw. $\pi - \alpha_1$ mögen die Winkel zwischen der ursprünglichen Elektronenrichtung und der Impulsrichtung des ungestreuten bzw. gestreuten Photons bezeichnen. Der Photonenstreuwinkel $\chi$ ist der Winkel zwischen den Impulsrichtungen des einfallenden und des gestreuten Photons. Im Ruhsystem des Elektrons $\Sigma'$, in dem ein niederenergetisches Photon bei relativistischen Elektronenergien als Röntgen- oder Gammaquant erscheint, seien die entsprechenden Winkel $\pi - \alpha'$, $\pi - \alpha_1'$, $\chi'$. Die Frequenzen des einfallenden $(\nu, \nu')$ bzw. gestreuten $(\nu_1, \nu_1')$ Photons in den beiden Bezugssystemen $\Sigma$ und $\Sigma'$ sind dann durch

$$\nu' = \gamma\nu(1 + \beta\cos\alpha) \quad \text{bzw.} \quad \nu_1 = \gamma\nu_1'(1 - \beta\cos\alpha_1') \tag{I.1}$$

verknüpft. Für die Winkel $\alpha$, $\alpha'$ folgt aus der relativistischen Aberrationsformel (vgl. (II.25))

$$\operatorname{tg}\alpha' = \frac{\sin\alpha}{\gamma(\cos\alpha + \beta)}. \qquad \text{(I.2}$$

Aus (I.2) ergibt sich, daß bei hochgradig relativistischen Elektronen ($\gamma \gg 1$, $\beta \approx 1$) $\alpha'$ sehr klein ist, falls nicht $\alpha \approx \pi$ gilt: Eine isotrope Photonenverteilung in $\Sigma$ erweist sich in $\Sigma'$ als eine Verteilung, in der die Photonen fast vollständig von „vorn" kommen, bis auf eine geringe Zahl von allen Seiten eintreffender Photonen, die in $\Sigma$ mit $\alpha \approx \pi$ , d. h. fast von „hinten" auftreffen. In $\Sigma'$ können die normalen, für ruhende Elektronen abgeleiteten Relationen für die COMPTON-Streuung benutzt werden. Insbesondere folgt aus der Energieerhaltung

$$\nu_1' = \frac{\nu'}{1 + (h\nu'/mc^2)(1 - \cos\chi')}. \tag{I.3}$$

Die Energie des gestreuten Photons ist im kosmischen Bezugssystem $\Sigma$ dann durch

$$h\nu_1 = \frac{\gamma^2 h\nu (1 + \beta\cos\alpha)(1 - \beta\cos\alpha_1')}{1 + \frac{\gamma h\nu}{mc^2}(1 + \beta\cos\alpha)(1 - \cos\chi')} \tag{I.4}$$

gegeben.

Liegt die Energie des einfallenden Photons in $\Sigma'$ unterhalb der Elektronenruhmasse, d. h., ist $h\nu\gamma \ll mc^2 \approx 0{,}5$ MeV, so vereinfacht sich (I.4) zu

$$h\nu_1 = h\nu\gamma^2 (1 + \beta\cos\alpha)(1 - \beta\cos\alpha_1'), \tag{I.5}$$

d. h., größenordnungsmäßig ist die Frequenz des comptongestreuten Photons durch $\nu_1 \approx \gamma^2\nu$ gegeben. Die Bedingung $h\nu\gamma \ll mc^2$ führt in (I.3) zu $\nu_1' \approx \nu'$, d. h., in $\Sigma'$ reduziert sich die COMPTON-Streuung auf die elastische THOMSON-Streuung. Ist das Photon in $\Sigma$ so energiereich, daß $h\nu' \gg mc^2$ oder $h\nu \gg mc^2/\gamma$ gilt, so folgt (unabhängig von Photonenenergie in $\Sigma$) $h\nu_1 \approx \gamma mc^2$. Für die relative Energieänderung des Elektrons gilt im ersten Fall $\Delta\varepsilon/\varepsilon \approx -\gamma h\nu/mc^2$. Sie ist für Photonenenergien $h\nu \ll 0{,}5 \cdot 10^6/\gamma$ [eV] klein gegenüber 1, d. h., unter diesen Bedingungen kann die COMPTON-Wechselwirkung hochenergetischer Elektronen mit niederenergetischen Photonen als ein *kontinuierlicher* Energieverlustprozeß für die Elektronen angesehen werden; in einer Transportgleichung wie (14.1) ist sie wie andere „adiabatische" Energieverluste (z. B. die Rotverschiebung) auf der linken Seite zu berücksichtigen. Ist dagegen die ursprüngliche Photonenenergie $h\nu$ von der Ordnung der Ruhmassenenergie, so verliert das Elektron bei einem COMPTON-Stoß einen erheblichen Teil seiner Energie. Unter diesen Bedingungen muß die COMPTON-Wechselwirkung auf der rechten Seite der Elektronentransportgleichung (14.1) mit Hilfe von Absorptions- und Emissionskoeffizienten beschrieben werden.

Zur Bestimmung der Energieübertragungsraten ist der Wirkungsquerschnitt der COMPTON-Reaktion erforderlich, der für nichtpolarisierte Teilchen (d. h. bei Mittelbildung über die Anfangsspinzustände und Summation über die Endzustände) durch die KLEIN-NISHINA-Formel

$$\sigma(h\nu', \chi') = \frac{r_0^2}{2} \frac{(1 + \cos^2 \chi')}{\left(1 + \frac{h\nu'}{mc^2}[1 - \cos \chi']\right)^2} \times \left[1 + \frac{\left(\frac{h\nu'}{mc^2}\right)^2 (1 - \cos \chi')^2}{(1 + \cos^2 \chi')\left(1 + \frac{h\nu'}{mc^2}[1 - \cos \chi']\right)}\right] \quad (I.6)$$

gegeben ist. Für $h\nu' \ll mc^2$ reduziert er sich auf den differentiellen THOMSON-Querschnitt

$$\sigma = \frac{r_0^2}{2}(1 + \cos^2 \chi') = \frac{3\sigma_T}{16\pi}(1 + \cos^2 \chi'). \quad (I.7)$$

Die COMPTON-Verlustrate eines Elektrons, d. h. der Energieverlust eines Elektrons beim Durchlaufen eines Strahlungsfeldes der Photonendichte $\bar{n}_{\rm ph}(\nu)$ ($\bar{n}_{\rm ph}(\nu)\,d\nu$ ist die mittlere Zahl der Photonen im Frequenzintervall $\nu, \nu + d\nu$) folgt dann mit einigen für $\gamma \gg 1$ gültigen Näherungen im Falle $h\nu' \ll mc^2$ zu

$$\frac{-d\varepsilon}{dt} = \frac{4}{3}\sigma_T c\gamma^2 u \quad (I.8)$$

mit

$$u = \int_0^\infty h\nu \bar{n}_{\rm ph}(\nu)\,d\nu$$

als Strahlungsdichte[1]). Die Erzeugungsrate $j(\nu_c)$ comptongestreuter Strahlung, d. h. die mit $h\nu_c$ multiplizierte Zahl der pro s und cm² in den Einheitsraumwinkel und in das Frequenzintervall $\nu_c$, $\nu_c + d\nu_c$ gestreuten Photonen ist näherungsweise durch

$$j(\nu_c) = \frac{\sigma_T c h\nu_c}{4\pi} \int_0^\infty \bar{n}_e(\gamma)\,d\gamma\,\bar{n}(\nu)\,d\nu\,\delta\left(\nu_c - \frac{4\nu\gamma^2}{3}\right) \quad (I.9)$$

gegeben, wobei ebenfalls $h\nu \ll mc^2/\gamma$ angenommen wurde. (I.9)

[1]) Siehe Anhang II.2 und II.3 für die benutzten Bezeichnungskonventionen.

gilt mit der Näherung, daß die Energie jedes Photons nach dem Stoß gleich der aus (I.5) folgenden mittleren Energie $h\nu_c = \frac{4}{3} \times \gamma^2 h\nu$ ist.

Die COMPTON-Wechselwirkung eines nichtrelativistischen Elektronengases mit einem Strahlungsfeld kann in vielen Fällen in elastischer Näherung behandelt werden. Unter bestimmten Bedingungen sind aber auch hier die ausgetauschten (sehr kleinen) Energiebeträge von Bedeutung. Eine Formel von WEYMANN liefert die pro s und cm³ umgesetzte Energie zwischen einem isotropen schwarzen Strahlungsfeld der Temperatur $T$ (Strahlungsdichte $u$) und einem Elektronengas der Temperatur $T_e$ zu

$$\Delta \dot{\varepsilon} = k(T - T_e)\, 4 u n_e \sigma_T c / m_e c^2. \tag{I.10}$$

Die Gln. (I.8), (I.9) sind nur im nicht relativistischen Grenzfall $h\nu' \ll mc^2$ bzw. $h\nu \ll mc^2/\gamma$ gültig. Im Bereiche $h\nu \approx mc^2/\gamma$ bestehen kompliziertere Gleichungen, jedoch kann für $h\nu \gg mc^2/\gamma$ der (totale) Streuquerschnitt genähert durch

$$\sigma = \frac{3\sigma_T}{8} \frac{m_e c^2}{h\nu} \left( \frac{1}{2} + \ln \left[ 2 \frac{h\nu}{m_e c^2} \right] \right) \tag{I.11}$$

dargestellt werden. Die Erzeugungsrate $j(\nu_c)$ comptongestreuter Strahlung ist in der gleichen Näherung wie bei (I.9) durch

$$j(\nu_c) = \frac{3 m_e c^2}{32\pi} \sigma_T c \bar{n}_e \frac{h\nu_c}{mc^2} \int \frac{d\nu}{\nu} \bar{n}_{\text{ph}}(\nu) \left( \ln \left[ \frac{2h^2 \nu \nu_c}{m^2 c^4} \right] + \frac{1}{2} \right) \tag{I.12}$$

gegeben (das Elektronenspektrum wird wie in (I.9) durch $n_e(\gamma)\, d\gamma$ dargestellt). — Bei hinreichend hohen Elektronen- oder Photonenenergien kann neben der COMPTON-Streuung im intergalaktischen Medium auch die Paarerzeugung $\gamma + e^- \to e^+ + e^- + e^-$ in Photon-Elektron-Prozessen auftreten. Die intergalaktischen Elektronen lassen sich hier als praktisch ruhend ansehen; die Photonen-Schwellenergie beträgt dann $h\nu = 4 m_e c^2$. Im Grenzfall $h\nu \gg 4 m_e c^2$ lautet der totale Streuquerschnitt

$$\sigma = \frac{\sigma_T \alpha}{24\pi} \left( 18 \ln \left[ \frac{2h\nu}{m_e c^2} \right] - 100 \right), \alpha = \frac{2\pi e^2}{hc} = \frac{1}{137}.$$

## I.2. Magnetobremsstrahlung

Ein geladenes Teilchen der Ladung $eZ$, der Masse $m$ und Gesamt- (die Ruhmasse einschließende) Energie $\varepsilon$ bewegt sich in einem Magnetfeld $B$ spiralförmig mit der Winkelfrequenz $\omega_B = \frac{eB}{mc}\,\frac{mc^2}{\varepsilon} = \omega_B{}^0\,\frac{mc^2}{\varepsilon}$ ($\omega_B{}^0$ die Zyklotronfrequenz) um die Magnetfeldachse, emittiert dabei elektromagnetische Strahlung und erleidet somit eine Strahlungsdämpfung

$$-\frac{\mathrm{d}\varepsilon}{\mathrm{d}t} = \frac{2(eZ)^4}{3m^2c^3}(\gamma^2 - 1)\,B^2\sin^2\theta \tag{I.13}$$

($\gamma = \varepsilon/mc^2$, $\theta$ ist der Winkel zwischen Bewegungsrichtung und Magnetfeld). Für Elektronen mit ultrarelativistischen Energien $\varepsilon \gg mc^2$ wird:

$$-\frac{\mathrm{d}\varepsilon}{\mathrm{d}t} = \beta\varepsilon^2, \quad \beta = 1{,}95 \cdot 10^{-9}\,(B\sin\theta)^2/mc^2/[\mathrm{erg\ s^{-1}}]. \tag{I.14}$$

Die Elektronenenergie nimmt wie

$$\varepsilon(t) = \frac{\varepsilon_0}{1 + \beta\varepsilon_0 t} \tag{I.15}$$

ab; in einer Zeit

$$t_m = \frac{1}{\beta\varepsilon_0} = \frac{5{,}1 \cdot 10^8}{B^2{}_\perp\,\gamma}\,[\mathrm{s}], \quad B_\perp = B\sin\theta, \tag{I.16}$$

ist die Anfangsenergie auf die Hälfte reduziert. Die aus klassischen Überlegungen abgeleiteten Gleichungen (I.13) bis (I.16) fordern (*a*), daß während einer Periode $P = 2\pi/\omega_B$ die Energieverluste $\frac{\mathrm{d}\varepsilon}{\mathrm{d}t} \cdot P$ klein gegenüber der Gesamtenergie $\varepsilon$ sind, d. h. $\gamma \ll 10^8\,\sqrt{B_\perp}$, und (*b*), daß die Energie der emittierten Quanten $h\nu$ ebenfalls klein gegen $\varepsilon$ ist, d. h. $\gamma \ll 10^{14}/B_\perp$.

Die emittierte Magnetobremsstrahlung ist (im wesentlichen) linear polarisiert und kann durch STOKESsche Parameter beschrieben werden. Wir begnügen uns mit der Berechnung der Gesamtintensität ohne Berücksichtigung der Polarisation. Das Teilchen strahlt in einen kleinen Winkel ($\sim \gamma^{-1}$) um seine Bewegungsrichtung pro s die Energie

$$q(\nu, \gamma, \theta) = \frac{\sqrt{3}\, e^3 B_\perp}{m c^2} \frac{\nu}{\nu_c} \int\limits_{\nu/\nu_c}^{\infty} K_{5/3}(\eta)\, \mathrm{d}\eta \qquad (\mathrm{I}.17)$$

ab, wobei

$$\nu_c = \frac{3 e B_\perp \gamma^2}{4\pi\, m c} \qquad (\mathrm{I}.18)$$

gesetzt wurde. $q$ besitzt für $\nu_m = 0{,}29 \nu_c = 1{,}2 \cdot 10^6 \cdot B_\perp \gamma^2$ ein Maximum

$$q(\nu_m) = 1{,}6 e^3 B_\perp / m c^2 = 2{,}16 \cdot 10^{-22} B_\perp\ [\mathrm{erg\ s^{-1}\ Hz^{-1}}] \qquad (\mathrm{I}.19)$$

und fällt für größere $\nu$ rasch ab; das Verhalten wird durch eine Näherungsformel von WALLIS beschrieben:

$$q = \frac{3 e^3 B_\perp}{m c^2} \left(\frac{\nu}{\nu_c}\right)^{1/3} \mathrm{e}^{-\nu/\nu_c}. \qquad (\mathrm{I}.20)$$

Der Emissionskoeffizient und der für niedrige Frequenzen wesentliche Synchrotron-Selbstabsorptionskoeffizient lauten für eine Elektronenverteilung $n(\varepsilon) = K \varepsilon^{-p}$ in einem homogenen Magnetfeld **B**

$$j(\nu) = \frac{\sqrt{3}}{p+1} \Gamma\left(\frac{3p-1}{12}\right) \Gamma \frac{3p+19}{12} \frac{e^3}{m c^2} \left(\frac{3e}{2\pi m^3 c^5}\right)^{(p-1)/2} \times K (B \sin\theta)^{(p+1)/2} \nu^{-(p-1)/2}, \qquad (\mathrm{I}.21)$$

$$a(\nu) = \pi \sqrt{3}\, \Gamma\left(\frac{3p+2}{12}\right) \Gamma\left(\frac{3p+22}{12}\right) \frac{e^3}{2 m \pi} \left(\frac{3e}{2\pi m^3 c^5}\right)^{p/2} \times K (B \sin\theta)^{(p+2)/2} \nu^{-(p+4)/2}. \qquad (\mathrm{I}.22)$$

Eine ähnliche Formel gilt für einen Emissionsbereich, in dem die Richtungen des Magnetfeldes regellos variieren. Emissions- und Absorptionskoeffizienten ergeben sich hier durch eine Mittelbildung von (I.21) und (I.22) über alle Richtungen:

$$j(\nu) = 1.35 \cdot 10^{-22} \alpha(p) K B^{(p-1)/2} (6.26 \cdot 10^{18}/\nu)^{(p-1)/2} \quad [\mathrm{erg} \mid (\mathrm{cm^2\ s\ ster\ Hz})], \qquad (\mathrm{I}.23)$$

$$a(\nu) = 0.019\, (3.5 \cdot 10^9)^p \beta(p) K B^{(p+2)/2} \nu^{-(p+4)/2}\ [\mathrm{cm^{-1}}]. \qquad (\mathrm{I}.24)$$

$B$ ist dabei ein in Gauß zu messender Mittelwert des Magnetfeldes; $\alpha(p)$ und $\beta(p)$ sind vom Elektronen-Spektralindex $p$ abhängende, in Tab. 5 für einige Werte von $p$ angegebene Funktionen.

*Tabelle* 5. Numerische Werte einiger Koeffizienten für die Synchrotronstrahlungsformeln (I.23) und (I.24).

| $p$ | 1 | 2 | 3 | 4 | 5 |
|---|---|---|---|---|---|
| $\alpha(p)$ | 0.28 | 0.10 | 0.074 | 0.073 | 0.092 |
| $\beta(p)$ | 0.96 | 0.70 | 0.65 | 0.69 | 0.83 |

## I.3. Coulomb-Bremsstrahlung

Bremsstrahlung (der Astrophysiker spricht auch von „frei-frei-Übergängen") wird in einem ionisierten Gas produziert, da die (sonst geradlinige) Bewegung eines geladenen Teilchens durch die COULOMB-Felder der anderen Teilchen abgelenkt wird. Die zu $m^{-2}$ proportionale Abhängigkeit von der Masse $m$ des abgelenkten Teilchens bedingt, daß in erster Linie die Streuung der leichten Elektronen an Kernen (bei hochenergetischen Elektronen auch die Streuung der Elektronen unter sich) wesentlich ist. Formal ist der Emissionskoeffizient (in erg cm$^{-3}$ s$^{-1}$ ster$^{-1}$ Hz$^{-1}$) durch einen Ausdruck

$$j(\nu) = h^2 \nu \, c n_p \int_{h\nu}^{\infty} \sigma(h\nu, \varepsilon) \, n(\varepsilon) \, \mathrm{d}(\varepsilon) \tag{I.25}$$

gegeben, wobei $n_p$ die Dichte der Atome, $n(\varepsilon)$ die Verteilungsfunktion (in cm$^{-3}$ erg$^{-1}$ ster$^{-1}$) der Elektronen und $h\sigma \cdot \mathrm{d}\nu$ der Wirkungsquerschnitt für die Bremsstrahlung im Bereiche $\nu$, $\nu + \mathrm{d}\nu$ produzierende Streuung von Elektronen an den Atomen ist. Bei hochenergetischen Elektronen der Energie $\varepsilon \gg mc^2$ werden die Photonen in einem kleinen Winkel $\theta \sim mc^2/\varepsilon$ um die Bewegungsrichtung des Elektrons emittiert. In vollständig ionisiertem Wasserstoffgas der Dichte $n_p$ mit einer suprathermischen Verteilung $n(\varepsilon)$ ultrarelativistischer Elektronen ($\varepsilon \gg mc^2$) gilt dann genähert:

$$j(\nu) = 4{,}6 \cdot 10^{-42} \, n_p \int_{h\nu}^{\infty} n(\varepsilon) \, \mathrm{d}\varepsilon . \tag{I.26}$$

Der entsprechende relative Energieverlust eines Elektrons ist

$$-\frac{1}{\varepsilon}\frac{\mathrm{d}\varepsilon}{\mathrm{d}t} = 1{,}38 \cdot 10^{-16}\, n_p \left[\ln\frac{\varepsilon}{mc^2} + 0{,}36\right] (\mathrm{s}^{-1}). \qquad (\mathrm{I}.27)$$

Der Emissionskoeffizient im Falle einer nichtrelativistischen MAXWELL-BOLTZMANN-Verteilung der Elektronen (und Protonen) zur Temperatur $T$ ist

$$j(\nu) = 5{,}443 \cdot 10^{-39}\, Z^2 g\, \mathrm{e}^{-h\nu/kT}\, T^{-1/2}\, n_e n_p \qquad (\mathrm{I}.28)$$

($Z$ die Kernladungszahl).
Die frequenzintegrierte Emission pro cm³ und s ergibt sich zu

$$4\pi \int_0^\infty j(\nu)\,\mathrm{d}\nu = 1{,}44 \cdot 10^{-27}\, Z^2 T^{1/2} g n_e n_i\, [\mathrm{erg\ cm^{-3}\ s^{-1}}]. \qquad (\mathrm{I}.29)$$

Der entsprechende lineare Absorptionskoeffizient (in cm$^{-1}$) mit Berücksichtigung der nur für niedrige Frequenzen wesentlichen stimulierten Emission als negativer Absorption lautet:

$$a(\nu) = 3{,}69 \cdot 10^8\, Z^2 g\, T^{-1/2}\quad \nu^{-3}\, n_e n_i\, (1 - \exp[-h\nu/kT]). \qquad (\mathrm{I}.30)$$

In (I.29) und (I.30) ist $g$ der die klassischen Ausdrücke korrigierende GAUNT-Faktor. Im optischen und UV-Gebiet kann $g = 1$ gesetzt werden, während im Radiogebiet ein Näherungsausdruck

$$g \approx \frac{\sqrt{3}}{\pi} \ln\,(kT/e^2 n_e^{1/2}) \approx 1{,}27 \cdot (2{,}78 + \lg T - \frac{1}{3}\lg n_c) \qquad (\mathrm{I}.31)$$

gilt; s. W. J. KARZAS, R. LATTER, Astrophys. J. Suppl. **6**, 167 (1961).

## I.4. Ionisation

Strahlungsfelder mit Frequenzen oberhalb der Wasserstoffionisationsfrequenz ($h\nu = 13{,}6$ eV) unterliegen beim Durchlaufen von nicht vollständig ionisierter galaktischer oder intergalaktischer Materie der Absorption durch Photoionisation. Der Absorptionskoeffizient ist für UV-Quanten und für wasserstoffähnliche Atome bei einer Ionisation vom Quantenzustand $n$ aus durch

$$a(\nu) = n_H \sigma(\nu) = \frac{32}{3\sqrt{3}}\frac{\pi^2 e^6}{ch^3}\frac{Ry Z^4}{n^5 \nu^3}\, g n_H \qquad (\mathrm{I}.32)$$

gegeben; $g$ ist der GAUNT-Faktor. Im Bereich der Röntgenstrahlung nimmt der mit einfacher BORNscher Näherung berechnete Querschnitt $\sigma$ für Wasserstoff wie $\nu^{-3,5}$ ab. Die Beiträge anderer Elemente zu $a(\nu)$ sind auch bei geringer Konzentration erheblich, insbesondere im Bereiche der K-Schalenionisierung solcher Elemente wie Sauerstoff und Neon mit Ionisationsenergien von 0,53 keV und 0,87 keV.

Eine Ionisierung und damit ein Ionisationsverlust tritt auch bei der Bewegung energiereicher Partikel (hauptsächlich Protonen und Elektronen) durch Materie auf. Die zugehörige Theorie ist kompliziert, da neben der eigentlichen Ionisierung zweckmäßigerweise auch die Verluste durch atomare Anregung und durch die Erzeugung von ČERENKOW-Strahlung zu den Ionisationsverlusten hinzugerechnet werden. Der Energieverlust eines relativistischen ($\varepsilon \gg m_p c^2$) Protons ist näherungsweise

$$-\dot{\varepsilon} = 7{,}62_{10^{-9}} n_H \left(4 \ln \frac{\varepsilon}{m_p c^2} + 20{,}2\right) [\mathrm{eV/s}] \qquad \text{(I.33)}$$

in atomarem Wasserstoff und

$$-\dot{\varepsilon} = 7{,}62_{10^{-9}}\, n_p \left[\ln\left(\frac{2\varepsilon^2}{m_p{}^2 c^4}\right) - \ln n_p + 74{,}1\right] \qquad \text{(I.34)}$$

in einem vollständig ionisierten Wasserstoffplasma.

## I.5. 21 cm-Übergänge

Die beiden möglichen Kombinationen von Kernspin und Elektronenspin führen zu einer Hyperfein-Aufspaltung des Wasserstoff-Grundzustandes in einen oberen (im Magnetfeld in drei Komponenten aufgespaltenen) Triplett $({}_1S_{1/2})$- und einen unteren Singulett-Zustand $({}_0S_{1/2})$, deren kleine Energiedifferenz einer im Radiobereich bei $\nu = 1420{,}4$ MHz bzw. $\lambda = 21$ cm liegenden Frequenz bzw. Wellenlänge entspricht. Die Übergangswahrscheinlichkeit $1 \to 0$ vom Triplett in den Singulett-Zustand beträgt nur $A_{10} = 64\pi^4\beta^2/(3h\lambda^3) = 2{,}85 \cdot 10^{-15}\,\mathrm{s}^{-1}$ ($\beta$ das BOHRsche Magneton $e\hbar/2m_e c^2$); sie entspricht einer Lebensdauer des Triplett-Zustandes von 1,1 · 10[7] Jahren. Die Besetzung der beiden Niveaus wird durch

$$n_1/n_e = g_1/g_0 \exp(-h\nu/kT_s) \tag{I.35}$$

gegeben, mit einem Verhältnis $g_1/g_0 = 3$ der statistischen Gewichte der Zustände, $\bar{n}_0$ bzw. $\bar{n}_1$ als Zahl der H-Atome pro cm³ im oberen bzw. unteren Zustand und $T_s$ als durch diese Gleichung definierte Spintemperatur. $T_s$ läßt sich aus der statistischen Gleichgewichtsbedingung ableiten, daß die Anzahl der in einen Zustand führenden Prozesse gleich der Zahl der aus dem Zustand führenden Prozesse ist. Im interstellaren und intergalaktischen Medium tragen zu diesen Prozessen bei:

a) Stöße, insbesondere der Spinaustausch beim Stoß mit einem zweiten H-Atom und vor allem mit Elektronen von entgegengesetztem Spin;

b) Resonanzabsorption (0 → 1) und induzierte Emission (1 → 0) bei der Wellenlänge $\lambda = 21$ cm einfallender Radiostrahlung der Intensität $I_\nu = \frac{2kT_R}{\lambda^2}$;

c) Wechselwirkung mit Ly$\alpha$-Quanten (etwa Absorption durch Triplett-Atome zum Niveau ${}_1P_{3/2}$ oder ${}_1P_{1/2}$ und anschließende Rückkehr zum ${}_0S_{1/2}$ Zustand).

Die Spintemperatur ist dann durch ein gewichtetes Mittel

$$T_s = \frac{T_R + y_c T_k + y_L T_L}{1 + y_c + y_L} \tag{I.36}$$

der Strahlungstemperatur $T_R$, der kinetischen Temperatur $T_k$, und einer durch

$$kT_L = h\nu_L/(3 - \nu \partial I_\nu/\partial\nu \cdot L_\nu^{-1}) \tag{I.37}$$

näherungsweise bestimmten „Strahlungstemperatur“ $T_L$ der Ly-Quanten gegeben; in (I.37) ist $L_\nu$ die über alle Richtungen gemittelte Intensität bei der Ly$\alpha$-Frequenz. Überwiegt einer der Gewichtsparameter 1, $y_c$, $y_L$ gegenüber den anderen, so wird $T_s$ gleich der enstprechenden Temperatur. Es ist

$$y_c = \frac{h\nu_a q_{10}}{kT_k A_{10}} \approx 4\bar{n}_H (T_k \cdot 10^{-2})^{-0,8} + 10^3 \bar{n}_e (T_k \cdot 10^{-2})^{-0,5} \times (1 + T_k \cdot 10^{-2})^{-0,5} \tag{I.38}$$

($q_{10}$ ist die Stoß-Abregungsrate des Triplett-Zustandes), sowie

$$y_L = \frac{5{,}9 \cdot 10^{11} \bar{n}_a}{T_L T_K^{1/2}} \tag{I.39}$$

$\bar{n}_a$ ist die Zahl der Ly-$\alpha$-Quanten pro cm$^3$ im Bereiche einer Doppler-Weite. Bei der Ableitung von (I.39) wurde vorausgesetzt, daß das Profil der Ly$\alpha$-Linie durch Streuung im betrachteten Medium selbst bestimmt wird; dies entspricht der Annahme, daß kinetische und Strahlungstemperaturen übereinstimmen:

$$T_k \approx T_L .$$

Der Emissionskoeffizient kann aus

$$j(\nu) = \frac{3}{4} \bar{n}_H{}^1 \frac{A_{10}}{4\pi} h\nu_a\, g(\nu - \nu_a) \tag{I.40}$$

(mit $g(\nu - \nu_a)$ als Profil der Emissionslinie) berechnet werden. Der lineare Absorptionskoeffizient (in cm$^{-1}$) ist bei der üblichen Berücksichtigung der induzierten Emission als negativer Absorption durch

$$a(\nu) = \frac{3\bar{n}_H{}^0 A_{10}\, c^2 f(\nu - \nu_a)}{8\pi\nu_a{}^2} (1 - \exp\,[h\nu_a/k T_s])$$
$$\approx 2{,}1 \cdot 10^4\, \bar{n}_H{}^0 f(\nu - \nu_a)/(\nu_a{}^2 T_s) \tag{I.41}$$

bestimmt, wobei $f(\nu - \nu_a)$ die auf 1 normierte ($\int f(\nu - \nu_a)\, \mathrm{d}\nu = 1$) Absorptionswahrscheinlichkeit von 21 cm-Strahlung ist. Für den Fall, daß thermische Effekte das Profil des Absorptionskoeffizienten bestimmen (Doppler-Verbreiterung), gilt

$$f = \frac{1}{\sqrt{\pi}} \exp\left(\frac{-[\nu - \nu_a]^2}{v_0{}^2 \nu^2}\right) \frac{\mathrm{d}\nu}{v_0 \nu} \tag{I.42}$$

mit $v_0 = 4{,}3 \cdot 10^{-7}\, T^{1/2}$ als für eine Maxwell-Verteilung zur Temperatur $T$ berechnete wahrscheinlichste Geschwindigkeit der H-Atome in Einheiten der Lichtgeschwindigkeit.

## I.6. Paarproduktion bei Photon-Photon-Wechselwirkungen (Nikischow-Effekt)

Beim Stoß niederenergetischer Photonen mit hochenergetischen Gammaquanten der Energie $\varepsilon_1$ kann es zur Erzeugung eines Elektron-Positron-Paars kommen ($\gamma + \gamma \rightarrow e^+ + e^-$), sofern in dem

Bezugssystem $\Sigma$, in dem die Summe der Photonenimpulse verschwindet, die totale Photonenenergie die $e^+ - e^-$-Ruhenergie vom Betrage $2mc^2 \approx 1$ MeV übersteigt. Der totale Wirkungsquerschnitt ist durch

$$\sigma = \frac{\pi}{2} r_0^2 (1-\beta^2)\left[(3-\beta^4)\ln\left[(1+\beta)/(1-\beta)\right] - 2\beta(2-\beta^2)\right] \tag{I.43}$$

gegeben, wobei $c\beta$ die Elektronen- bzw. Positronengeschwindigkeit im System $\Sigma$ ist. Mit der Elektronenenergie $\varepsilon_e = mc^2(1-\beta^2)^{-1/2}$ hängen die im Laborsystem (= System des äußeren Beobachters = mittleres kosmisches Bezugssystem) gemessenen Photonenenergien $\varepsilon_1$ und $\varepsilon$ gemäß

$$\varepsilon_1 \varepsilon (1 - \cos\theta) = 2\varepsilon_e^2 \tag{I.44}$$

zusammen; $\theta$ ist der Winkel zwischen den Photonenimpulsen Bei einem Frontalstoß ($\theta = \pi$) lautet die Schwellenbedingung $\varepsilon_1 \varepsilon = m^2 c^4$. Der effektive Absorptionskoeffizient harter Gammaquanten $\varepsilon_1$ beim Durchlauf eines niederenergetischen Photonengases der Dichte $n(\varepsilon)$ ergibt sich daraus zu

$$a = \pi r_0^2 \left(\frac{m^2c^4}{\varepsilon_1}\right)^2 \int_{m^2c^4/\varepsilon_1}^{\infty} \varepsilon^{-2}\, \bar{n}(\varepsilon)\, \varphi(s_0[\varepsilon])\, d\varepsilon, \tag{I.45}$$

wobei

$$\varphi(s_0[\varepsilon]) = \frac{2}{\pi r_0^2} \int_1^{s_0(\varepsilon)} s\sigma(s)\, ds, \quad s = (1-\beta^2)^{-1}, \quad s_0 = \varepsilon\varepsilon_1/m^2c^4 \tag{I.46}$$

eine von NIKISCHOW eingeführte dimensionslose Funktion ist. Im Falle schwarzer Strahlung der Temperatur $T$ gilt

$$a = \frac{\alpha^2 mc}{\pi\hbar} \left(\frac{kT}{mc^2}\right)^3 f(x) \tag{I.47}$$

mit $x = m^2c^4/(\varepsilon_1 kT)$ und den asymptotischen Darstellungen

$$f(x) \to \frac{\pi^2}{3} \ln(0{,}117/x) \ldots x \ll 1$$

$$\to \left(\frac{\pi x}{4}\right)^{1/2} e^{-x} (1 + 75/8x + \cdots) \ldots x \gg 1. \tag{I.48}$$

$a$ besitzt für $\varepsilon_1 \approx m^2c^4/kT$ ein Maximum. Optische Photonen absorbieren Gammastrahlung im Bereiche $10^{12}$—$10^{13}$ eV, Mikrowellenphotonen im Bereiche $\varepsilon > 10^{14}$ eV, Radiophotonen schließlich vernichten Gammaquanten mit Energien $\varepsilon > 10^{20}$ eV.

## I.7. Hochenergetische Kernreaktionen

Beim Stoß eines energiereichen Protons der kosmischen Strahlung mit einem Teilchen oder Kern des interstellaren oder intergalaktischen Gases wird ein hochgradig angeregter Protonenzustand erzeugt, der $\pi$-Mesonen emittiert oder auch durch die Emission von K-Mesonen, Hyperonen und instabilen Baryonresonanzen zerfallen kann. Bis zu einer Energie von 1 GeV besteht oberhalb der durch $m_\pi^2c^4/(2m_pc^2) + 2m_\pi c^2 \approx 290$ MeV gegebenen Schwelle für die kinetische Energie der anlaufenden Protonen Einfach-Pionenerzeugung über die Prozesse $p + p \to p + n + \pi^+$, $p + p \to p + p + \pi^0$, $p + p \to D + \pi^+$ (mit dominierender $pn\pi^+$-Reaktion), wobei der Wirkungsquerschnitt zwischen 0,34 GeV und 0,8 GeV von $0{,}05 \cdot 10^{-26}$ cm² auf $2{,}7 \cdot 10^{-26}$ cm² anwächst. Für $E_{\text{kin}} > 1$ GeV setzt Mehrfach-Pionenproduktion mit einer Vielfachheit $M_\pm \approx 2E_p^{0,25}$ geladener $\pi$-Mesonen ein, während $M_0 \approx 0{,}5\,M_\pm$ für die Vielfachheit neutraler $\pi$-Mesonen gilt. Die minimale kinetische Protonenenergie für die Erzeugung von $q$ Mesonen ist $q(280 + 10q)$ MeV. Bei sehr hohen, mit gegenwärtigen Beschleunigern noch nicht erreichbaren Energien sind die Aussagen über die Mesonenbildung unsicherer, da sie sich hier auf phänomenologische Modelle stützen, die lediglich durch die Beobachtung von Wechselwirkungen der kosmischen Strahlung testbar sind. Einfache „Feuerballmodelle", wie die von FERMI und LANDAU, beschreiben die entstehende Pionenwolke hydrodynamisch als eine relativistische „Flüssigkeit" mit einer (im kosmischen Bezugssystem gemessenen) mittleren Pionenenergie $\gamma_\pi = \gamma_p^{3/4}$; die Vielfachheit der Pionenerzeugung ist $\sim \gamma_p^{1/4}$. In einem solchen Modell ist die Pionenerzeugungsrate (die bei hohen Energien für $\pi^+$, $\pi^-$ und $\pi^0$ annähernd gleich ist) durch einen Ausdruck

$$Q_\pi(\gamma_\pi)\,\mathrm{d}\gamma_\pi = \bar{n}_H \sigma c \int n(\gamma_p)\, f(\gamma_\pi, \gamma_p)\,\mathrm{d}\gamma_p\,\mathrm{d}\gamma_\pi$$

$$\approx \frac{4}{3}\bar{n}_H \sigma c\, n(\gamma_\pi^{4/3})\,\gamma_\pi^{2/3}\,\mathrm{d}\gamma_\pi \qquad \text{(I.49)}$$

gegeben, wobei die Verteilungsfunktion $f$ für das Pionen-Produktionsspektrum durch das Produkt der Pionenmultiplizität mit einer Deltafunktion bei der mittleren Pionenenergie approximiert wurde. Der inelastische Streuquerschnitt kann bei hohen Energien als konstant angenommen werden: $\sigma \approx 2{,}7 \cdot 10^{-26}\,\mathrm{cm}^2$ $(\approx \Lambda_\pi^2$, $\Lambda_\pi = \hbar/m_\pi c$ die COMPTON-Länge der Pionen). Die bei den $p-p$-Stößen entstandenen Pionen zerfallen im wesentlichen gemäß $\pi^+ \rightarrow \mu^+ + \nu_\mu$, $\pi^- \rightarrow \mu^- + \tilde{\nu}_\mu$, $\pi^0 \rightarrow \gamma + \gamma$ in $\mu$-Mesonen, Neutrinos und Photonen, die $\mu$-Mesonen produzieren über $\mu^+ \rightarrow e^+ + \nu_e + \tilde{\nu}_\mu$, $\mu^- \rightarrow e^- + \tilde{\nu}_e + \nu_\mu$ hochenergetische Elektronen, Positronen und Neutrinos aller vier Arten. Beim Zerfall eines geladenen Pions der Energie $\varepsilon_\pi$ verteilt sich der Bruchteil $m_\mu \varepsilon_\pi m_\pi$ der Energie auf das $\mu$-Meson, während das Neutrino den Rest fortträgt. Beim $\mu$-Meson-Zerfall wird die Energie etwa zu gleichen Teilen auf das Elektron (Positron) und die beiden Neutrinos verteilt. Man kann diese Überlegungen benutzen, um genäherte Erzeugungsraten der verschiedenen Endprodukte zu bestimmen. Insbesondere interessiert die durch

$$Q(\varepsilon)\,\mathrm{d}\varepsilon = j(\nu)\,\mathrm{d}\nu/h\nu = \int\limits_{\varepsilon_{\pi\,\min}}^{\infty} \mathrm{d}\gamma_\pi\, Q_\pi(\gamma_\pi)\, f_{\pi\gamma}(\varepsilon, \varepsilon_\pi)$$

$$= 2 \int\limits_{\varepsilon_{\pi\,\min}/m_\pi c^2}^{\infty} \frac{\mathrm{d}\gamma_\pi Q_\pi(\gamma_\pi)}{(\varepsilon_\pi^2 - m_\pi^2 c^4)^{1/2}}\,\mathrm{d}\varepsilon \tag{I.50}$$

gegebene Erzeugungsrate der beim $\pi_0$-Zerfall entstehenden Gammaquanten. Mit (I.49) und $n_p(\varepsilon)\,\mathrm{d}\varepsilon = K_p \varepsilon^{-p}\,\mathrm{d}\varepsilon$ folgt:

$$Q(\varepsilon_\gamma) = \frac{2 K_p \sigma c \bar{n}_H}{0{,}14(p-0{,}5)} \left(\frac{\varepsilon_\gamma}{0{,}14}\right)^{-\frac{4}{3}(p-0{,}5)} \tag{I.51}$$

[Photonen $\mathrm{s}^{-1}\,\mathrm{cm}^{-3}\,\mathrm{GeV}^{-1}\,\mathrm{ster}^{-1}$].

Dieser Ausdruck gilt nur für *hochenergetische* Photonen mit $\varepsilon \gg 1$ GeV. Das eigentliche Maximum der Gammaerzeugungsrate liegt bei niedrigeren Frequenzen, entsprechend Protonen im GeV-Bereich, d. h. bei Gammaquanten von $\sim 70$ MeV. Für noch kleinere $\varepsilon$ fällt die Rate rasch ab.

Im Bereiche hoher Gammaquanten-Energie ($\varepsilon > 6 \cdot 10^3$ GeV) trägt auch der Zerfall der Hyperonen und angeregten Baryon-Resonanzen wesentlich zum Gamma-Spektrum bei.

# Anhang II. Das kosmologische Gravitationsfeld

## II.1. Robertson-Walker-Modelle

Das vom System der extragalaktischen Nebel erzeugte Gravitationsfeld kann nicht mehr mit der NEWTONschen Gravitationstheorie berechnet werden, da für mittlere Dichten $\gtrsim 3 \cdot 10^{-31}$ g cm$^{-3}$ der Nebelmaterie, wie sie von ORT, VAN DEN BERGH und anderen gefunden wurden, das dimensionslose NEWTONsche Gravitationspotential $\Phi/c^2$, für das die größenordnungsmäßige Relation $\frac{\Phi}{c^2} \approx \frac{MG}{rc^2} \approx \frac{4\pi r^2 \varrho G}{3c^2}$ gilt, für Bereiche der Größenordnung einiger $10^3$ Mpc nicht mehr — wie in den meisten anderen astrophysikalischen Situationen — klein gegenüber 1 ist, sondern Werte um 1 erreicht. Dies ebenso wie das Auftreten von Rotverschiebungen, deren DOPPLER-Geschwindigkeiten die Lichtgeschwindigkeit scheinbar überschreiten, zeigt, daß eine relativistische Gravitationstheorie wie die allgemeine Relativitätstheorie benutzt werden muß. Das Gravitationsfeld an einem beliebig herausgegriffenen Punkt im Kosmos (genauer: die dort in einem lokal-geodätischen Bezugssystem mit verschwindenden CHRISTOFFEL-Symbolen $\Gamma^{\varrho}_{\nu\mu}$ vorhandenen, von Null verschiedenen Komponenten des RIEMANNschen Krümmungstensors) wird neben einem kosmologisch bedingten Term einen Anteil enthalten, der von der zufälligen Konfiguration der benachbarten Massen herrührt. In gravitativ zusammengehaltenen Systemen wie Galaxien oder Sternhaufen sind diese fluktuierenden lokalen Anteile im Gravitationsfeld die praktisch allein für die lokale Massenbewegung maßgebenden; umgekehrt können sie in kosmologischen Betrachtungen zunächst vernachlässigt werden. Das System der Nebel kann dann durch eine kontinuierliche homogene Materieverteilung ersetzt weden. Ein solches physikalisches System ist gemäß der EINSTEINschen Gravitationstheorie (ohne $\Lambda$-Glied) nicht stationär, sondern muß entweder kontrahieren oder expandieren. Die Beobachtung zeigt mit der Existenz einer proportional zur Entfernung anwachsenden Rotverschiebung der Spektrallinien entfernter Nebel, daß der Expansionsfall realisiert ist. In elementarer Deutung handelt es sich dabei um einen DOPPLER-Effekt, bei dem die Emissionsfrequenzen $\nu_e$ und die gemessenen rotverschobenen Frequenzen $\nu$ mit $r$ als Entfernung gemäß

$$\nu_e/\nu = H_0 r/c = 1 + z \qquad \text{(II.1)}$$

zusammenhängen. Der Proportionalitätsfaktor ist die HUBBLE-*Konstante*. Die geometrische Betrachtungsweise der allgemeinen Relativitätstheorie sieht nicht die Nebel, sondern den dreidimensionalen Raum zwischen ihnen als in allen Richtungen angenähert gleichmäßig expandierend an. Der invariante, d. h. vom benutzten Koordinatensystem unabhängige *vierdimensionale* Abstand $ds$ zwischen zwei infinitesimal benachbarten Weltpunkten ist in den homogen-isotropen Modellen durch

$$ds^2 = -dt^2c^2 + R^2(dx^2 + dy^2 + dz^2)/\left(1 + \frac{kr^2}{4}\right)^2 \qquad \text{(II.2)}$$

gegeben. Der invariante *räumliche* Abstand ist zeitabhängig und wird durch den Skalenfaktor $R(t)$ bestimmt:

$$ds^2 = \frac{R^2}{\left(1 + \frac{kr^2}{4}\right)^2} (dx^2 + dy^2 + dz^2). \qquad \text{(II.3)}$$

Die in (II.1) eingehende HUBBLE-Zahl ist dann durch

$$H = \frac{\dot{R}}{R} \qquad \text{(II.4)}$$

gegeben, wobei der Punkt die Ableitung nach der Zeit kennzeichnet. Die Koordinaten $x$, $y$, $z$ in (II.2) und (II.3) sind (für $k \neq 0$) dimensionslose Zahlen; der Skalenfaktor $R$ trägt statt dessen die Dimension einer Länge. Wir geben im folgenden eine knappe Ableitung des Linienelementes (II.2, 3) sowie der die Zeitabhängigkeit von $R$ bestimmenden Gleichungen (II.11,12), die die Kenntnis des Tensorkalküls der allgemeinen Relativitätstheorie voraussetzt und übergangen werden kann.

Die Bewegung eines Kontinuums läßt sich hydrodynamisch durch den kovarianten Gradienten $u_{\mu;\nu}$ des vierdimensionalen Geschwindigkeitsfeldes $u_\mu$ charakterisieren, dessen algebraische Zerlegung im allgemeinen Fall neben einer radialen Expansions- bzw. Kontraktionsbewegung auch Anteile einer Rotations- und Scherungsbewegung enthält. Nichtradiale Bewegungen führen zu Anisotropie-Effekten, z. B. zu einer Abhängigkeit der HUBBLE-

Zahl $H = \dot{R}/R$ von der Richtung an der Sphäre. Da derartige Anisotropien nach Ausweis der Isotropie der 3-K-Strahlung klein sind (Abschnitt 5), gilt genähert

$$u_{\mu;\nu} = (g_{\mu\nu} + u_\mu u_\nu)\,\dot{R}/R \tag{II.5}$$

mit einer skalaren Funktion $R$; $\dot{R} \equiv \frac{\partial R}{\partial x^\alpha} u^\alpha$ ist die Ableitung von $R$ in Richtung der Geschwindigkeit. Die möglichen Gravitationsfelder ergeben sich als Lösungen der EINSTEINschen Feldgleichungen

$$R_{\mu\nu} - \frac{1}{2} g_{\mu\nu} R_{\varrho\sigma} g^{\varrho\sigma} = -\varkappa T_{\mu\nu}, \tag{II.6}$$

die auf der rechten Seite als Quelle des Gravitationsfeldes den mit der Vierergeschwindigkeit $u^\mu$, Dichte $\varrho$ und Druck $p$ des Substrates gebildeten makroskopischen Energie-Impulstensor

$$T_{\mu\nu} = u_\mu u_\nu(\varrho c^2 + p) + g_{\mu\nu} p \tag{II.7}$$

enthalten. Die kontravarianten Komponenten $u^\mu$ der Vierergeschwindigkeit können durch eine Koordinatentransformation in die Form $u^\mu = \delta_0{}^\mu$ gebracht werden, in der nur die Komponente $u^0$ von Null verschieden ist; dies entspricht der Wahl eines mit dem kosmologischen Substrates mitbewegten räumlichen Koordinatensystem $x^i$ ($i = 1, 2, 3$). Damit gilt für die kovarianten Komponenten der Vierergeschwindigkeit $u_\mu = g_{\mu 0}$, und aus (II.5) folgt $g_{\mu 0,\nu} - g_{\nu 0,\mu} = 0$, d. h., es existiert eine Funktion $\psi$ mit $g_{0i} = \frac{\partial \psi}{\partial x^i}$, $\frac{\partial \psi}{\partial x^0} = 0$. Die Bedingung $u^\mu = \delta_0{}^\mu$ legt die Zeitkoordinate noch nicht fest: Es besteht die Möglichkeit einer Zeiteichung gemäß $x^{0\prime} = x^0 + \varphi(x^i)$, bei der sich die Komponenten $g_{0i}$ gemäß $g_{0i} = g'_{0l} \frac{\partial x l'}{\partial x^i} + \varphi_{,i}$ tranformieren. Die Randkomponenten $g_{0i}$ des metrischen Tensors lassen sich also bei nichtrotierender kosmischer Materie „forteichen“: $g'_{0i} = 0$ (im folgenden lassen wir die Striche wieder fort). Damit ist zugleich eine ausgezeichnete „Weltzeit“ festgelegt. Die Normierung der Vierergeschwindigkeit $u^\mu u^\nu g_{\mu\nu} = -1$ ergibt $g_{00} = -1$. Eine weitere Einschränkung der Komponenten des metrischen Tensors folgt aus der bisher nocht nicht ausgenutzten, in (II.5) enthaltenen Bedingung des Verschwindens der Scherungsbewegung, die sich für räumliche Indizes $\mu = i$, $\nu = k$ ergibt und zu

$$\dot{g}_{ik} = \frac{1}{3}\, g_{ik}\, g^{lm}\, \dot{g}_{lm} \tag{II.8}$$

führt. Die Zeitabhängigkeit der räumlichen Metrik-Komponenten kann demnach durch einen gemeinsamen Faktor $g_{ik} = S^2\gamma_{ik}$ (mit $\dot{\gamma}_{ik} = 0$) dargestellt werden. Benutzt man noch einmal (II.5) in der durch Überschieben mit $g^{\mu\nu}$ entstandenen Form $g^{\mu\nu} u_{\mu;\nu} = 3\dot{R}/R$, so ergibt sich durch explizite Berechnung der linken Seite, daß $S = R$ gesetzt werden kann, d. h., der Expansionsfaktor $S$ der räumlichen Metrik ist gleich dem kinematischen Expansionsfaktor $R$ des kosmischen Substrates. Damit ist die Metrik soweit vereinfacht,

$$g_{00} = -1, \quad g_{0i} = 0, \quad g_{ik} = R^2\, \gamma_{ik}(\mathbf{x}^i), \tag{II.9}$$

daß die Feldgleichungen (II.6) eine übersehbare Form annehmen: Die Gleichungen $R_{0i} = -\varkappa T_{0i}$ führen zu $(ln R)_{,0i} = 0$, d. h. $R = f(x^0)\, \overline{R}\,(x^i)$. Ohne Einschränkung kann der Faktor $\overline{R}$ zu $\gamma_{ik}$ geschlagen werden, d. h., $R$ ist eine reine Zeitfunktion. Die restlichen Feldgleichungen reduzieren sich nach leichten Umformungen auf

$$\overline{R}_{ik}(\gamma_{ik}) = k\,\gamma_{ik}, \qquad k = \text{const} \tag{II.10}$$

sowie

$$\frac{\varkappa p}{c^2} = \Lambda - 2\,\frac{\ddot{R}}{R} - \frac{\dot{R}^2}{R^2} - \frac{k}{R^2}, \tag{II.11}$$

$$\mu\varrho = -\Lambda + \frac{3\,\dot{R}^2}{R^2} + \frac{3\,k}{R^2}. \tag{II.12}$$

In (II.10) kennzeichnet $\overline{R}_{ik}$ den mit der räumlichen Metrik $\gamma_{ik}$ berechneten Ricci-Tensor. Die Gleichung (II.10) besagt, daß $\gamma_{ik}$ die Metrik eines dreidimensionalen Raumes konstanter Krümmung $k$ dargestellt. Man erhält für $k = -1$ einen hyperbolischen Raum, für $k = 0$ einen gewöhnlichen dreidimensionalen euklidischen Raum und für $k = 1$ einen elliptischen (bzw. je nach der vorliegenden Topologie auch einen sphärischen) Raum mit endlichem Rauminhalt. Interessant ist, daß die Forderung einer allen mitbewegten Beobachtern isotrop erscheinenden Bewegung der kosmischen Materie über die Feldgleichungen bereits die räumliche Homogenität (d. h. das Vorliegen eines Raumes konstanter Krümmung; Druck und Dichte sind wegen (II.11), (II.12) räumlich konstant) zur Folge hat.

Das Gleichungssystem (II.11), (II.12), das auch durch (II.12) und

$$3\dot{R}(\varrho + p/c^2) + R\dot{\varrho} = 0 \tag{II.13}$$

ersetzt werden kann, enthält eine Vielzahl von Weltmodellen, insbesondere bei Annahme einer von Null verschiedenen $\Lambda$-Konstanten. Als einzige statische (und damit mit den Beobachtungen nicht verträgliche) Lösung ergibt sich das EINSTEIN-Universum: $p = 0$, $\Lambda = 1/R^2$, $\varkappa\varrho = 2/R^2$. Im Falle verschwindenden Druckes, $p = 0$, eine gegenwärtig in guter Näherung realisierte Bedingung, bedeutet (II.13) $\varrho R^3 = \text{const}$, d. h., die Dichte $\varrho$ bleibt in einem mitexpandierenden Volumen erhalten. Die beiden Gleichungen

$$\varrho R^2 = \text{const},$$

$$\dot{R}^2 = \frac{4GM}{3\pi c^2}\frac{1}{R} - k + \frac{\Lambda R^2}{3} \tag{II.14}$$

sind (II.11), (II.12) äquivalent. Die Lösungen von (II.14) lauten in Parameterdarstellung für $\Lambda = 0$:

$$R = \frac{cq_0}{H_0(1-2q_0)^{3/2}}(\operatorname{Cos}\tau - 1),\quad ct = \frac{cq_0}{H_0(1-2q_0)^{3/2}}(\operatorname{Sin}\tau - \tau) \quad \ldots k = -1,$$

$$R = R_0\,(t/t_0)^{2/3} \ldots k = 0, \tag{II.15}$$

$$R = \frac{cq_0}{H_0(2q_0-1)^{3/2}}(1 - \cos\tau),\quad ct = \frac{cq_0}{H_0(2q_0)^{3/2}}(\tau - \sin\tau) \quad \ldots k = 1$$

Die Konstanten in (II.15) sind die zur Gegenwart berechneten, durch

$$H_0 = (\dot{R}/R)_0,\qquad q_0 = -(\ddot{R}R/\dot{R}^2)_0 \tag{II.16}$$

definierten Größen HUBBLE-Zahl $H_0$ und Beschleunigungsparameter $q_0$. Sie legen zusammen ein Weltmodell fest. Während $q_0$ dimensionslos ist, besitzt $H_0$ die Dimension einer reziproken Zeit; $H_0^{-1}$ gibt größenordnungsmäßig das „*Weltalter*" an. In *numerischen* Formeln erscheint $H_0$ in diesem Band *durchweg* mit der etwas merkwürdigen, für den praktischen Astronomen aber bequemen Dimension km s$^{-1}$ Mpc$^{-1}$. Die Beobachtungen liefern $H_0 = 95^{+15}_{-12}$

in dieser Einheit, der Wert ist jedoch unsicherer, als es die Fehlergrenzen vermuten lassen. —

Aus (II.14) folgt:

$$kc^2 = (2q_0 - 1) R_0^2 H_0^2, \quad \varrho_0 = \frac{3q_0}{4\pi G} H_0^2 = 3{,}8 \cdot 10^{-29} q_0 (H_0/100)^2, \tag{II.17}$$

woraus $\varrho_0$ und (für $q_0 \neq 1/2$) $R_0$ bestimmt werden kann (im Falle $q_0 = 1/2$ bleibt $R_0$ unbestimmt und kann z. B. gleich 1 gesetzt werden). Geschlossene Modelle sind durch $q_0 > 1/2$, offene durch $q < 1/2$ gekennzeichnet; der Grenzfall $q_0 = 1/2$ mit räumlich euklidischer Metrik ist der sog. EINSTEIN-DE-SITTER-Kosmos. Nach einer Analyse von PEACH ergibt sich unter Benutzung neuer von SANDAGE bestimmter photoelektrischer Helligkeiten der hellsten Galaxien in Haufen aus (II.55) für $q_0$ ein Wert von $q_0 = 1{,}5 \pm 0{,}4$. Über die an $q_0$ infolge der durch die Sternenentwicklung bedingten Helligkeitsänderungen der Galaxien in großen Zeiträumen anzubringenden Änderungen besteht keine Einigkeit. Mit einer zeitlichen Änderung der absoluten Helligkeit vom Betrage $\dot{M} = 0{,}00 \pm 0{,}05$ in $10^9$ Jahren wächst die Unsicherheit des Wertes von $q_0$ etwas an: $q_0 = 1{,}5 \pm 0{,}9$. Ein offenes Modell wäre danach gerade noch zugelassen. Für Korrekturen an $q_0$ infolge Elektronenstreuung im intergalaktischen Medium s. Abschnitt 12.

Bestimmt ein ultrarelativistisches Gas mit der Zustandsgleichung $p = \varrho c^2/3$ das Gravitationsfeld („Strahlungskosmos"), so lassen sich (II.11), (II.12) durch

$$R^2 = Ct - kc^2 t^2, \tag{II.18}$$

$$c^2 \varrho = 3C^2/(32\pi G R^4) \tag{II.19}$$

lösen; für weitere Bemerkungen zum Strahlungskosmos s. Abschnitt 8.

Die wichtigste Eigenschaft der Lösung (II.15) bis (II.19) ist ihre Singularität zu einem Zeitpunkt $t = 0$, in dem die Dichte wie $t^{-2}$ divergiert. Einige physikalische Konsequenzen wurden in Abschnitt 8 behandelt. Für eine weitergehende philosophische Diskussion dieser Fragen sei auf den Band von TREDER, Relativität und Kosmos, WTB 7052, Akadamie-Verlag, Berlin 1968, verwiesen.

Die Abweichung der Geometrie kosmologischer Modelle von der geläufigen eines MINKOWSKI-Raumes bringt geänderte Kausalitätsbeziehungen verschiedener Weltbereiche mit sich. Zu ihrer Diskussion werde ein räumlich geschlossenes Modell angenommen.

Der gegen Koordinatentransformationen invariante Abstand zwischen dem heutigen Beobachter und einem gleichzeitigen Ereignis mit der Radikalkoordinate $r$ ist für Modelle mit $k = 1$ zur Zeit $t$ durch

$$R(t)\,\sigma = R(t)\int\limits_0^t \frac{\mathrm{d}r}{1+\frac{kr^2}{4}} = 2\,R(t)\,\mathrm{arctg}\,\frac{r}{2} \qquad \text{(II.20)}$$

gegeben und variiert für $r = 0 \ldots \infty$ zwischen 0 und $\pi$. Unter Unterdrückung der Winkelkoordinaten kann die räumliche und zeitliche Ausdehnung des Weltmodells in Form eines Raum-Zeit-Diagramms dargestellt werden (Abb. 9). (Der besseren Übersicht

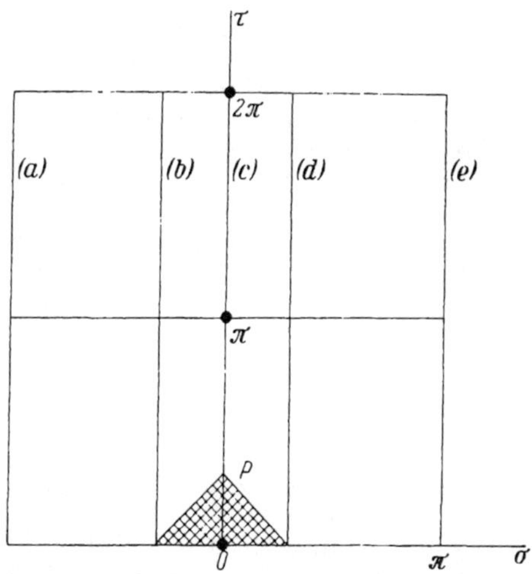


Abb. 9. Kausalitätsbeziehungen in einer geschlossenen Welt.

halber wurde $\sigma$ statt $\sigma R$ als Radialkoordinate benutzt; die radialen Abstände zwischen den Weltlinien sind daher noch mit dem zeitabhängigen Faktor $R$ multipliziert zu denken, der für $\tau = 0{,}2\,\pi$ verschwindet und für $\tau = \pi$ ein Maximum besitzt.) Parallelen zur $\tau$-Achse bilden die Weltlinien der Fundamentalpartikel, Diagonallinien die Bahnen von Lichtstrahlen. Die äußeren Geraden

$(a)$ und $(e)$ sind zu identifizieren, sie bilden die Antipoden-Weltlinie zur Beobachter-Weltlinie. Ebenso fallen alle Punkte der Geraden $\tau = 0$ und $\tau = 2\pi$ topologisch zu einem singulären Punkt zusammen. Der heutige Beobachter kann lediglich vom Innern und Rand seines Vergangenheitslichtkegels (schraffiert in Abb. 10) Information erhalten, d. h., ihm sind nur die Ereignisse der zwischen $(b)$ und $(d)$ eingeschlossenen Weltlinien bis zum jeweiligen Schnitt mit dem von $P$ ausgehenden Lichtkegel bekannt: Die Weltlinien $(b)$, $(d)$ bilden den augenblicklichen *Teilchenhorizont* des Beobachters. Dieser Horizont (eine zeitartige Weltröhre) rückt immer weiter nach außen, je mehr sich der Beobachter dem Zustand maximaler Expansion ($\tau = \pi$) nähert und reduziert sich für $\tau = \pi$ auf die Antipodenweltlinien $(a) \equiv (e)$, d. h., zu diesem Zeitpunkt konnte erstmalig von allen zeitartigen Weltlinien Information erhalten werden. Für Zeiten $\tau > \pi$ bestehen ähnliche Einschränkungen für die Beeinflußbarkeit von Ereignissen.

In der zweidimensionalen Darstellung kommt eine weitere Eigenschaft der Lichtausbreitung nicht zum Ausdruck, die auch in offenen und euklidischen Modellen auftritt: Zwei Lichtstrahlen, die von $P$ aus zurückverfolgt werden, entfernen sich zunächst wie im MINKOWSKI-Raum, rücken dann aber wieder zusammen, um im Punkte $\tau = 0$ zusammenzufallen. Der Lichtkegel besitzt somit zwei Vertizes, d. h. anschaulich gesprochen, die Weltgeometrie wirkt wie eine riesige Sammellinse. Dieser Effekt ist hauptsächlich bedingt durch den zeitabhängigen, Entfernungen in der Vergangenheit immer stärker reduzierenden Skalenfaktor $R$. Im geschlossenen Modell wird die Tendenz zur abermaligen Konvergenz der Lichtstrahlen durch die Besonderheiten der Geometrie der Kugelflächen $\tau = \text{const}$, $\sigma = \text{const}$ verstärkt: Der Abstand zweier von $P$ in die Vergangenheit zurückverfolgter Lichtstrahlen wird durch den Bogen dieser Kugelflächen gemessen, den die Lichtstrahlen beim Durchstoßen markieren. Die Oberfläche einer Kugel $\tau = \text{const}$, $\sigma = \text{const}$ nimmt im geschlossenen Modell mit $\sigma$ nicht so stark wie im MINKOWSKI-Raum zu, besitzt für $\sigma = \pi/2$ ein Maximum, um dann wieder – im Antipodenpunkt – auf 0 abzusinken. – Diese geometrischen Eigenschaften haben zur Folge, daß die scheinbaren Bildscheiben entfernter Objekte, die mit wachsender Entfernung zunächst in gewohnter Weise abnehmen, nach einem bestimmten Rotverschiebungswert (s. Gleichung (II.59) sich wieder *vergrößern*, während die (spektrale) Flächenhelligkeit monoton (wie $\sim (1 + z)^3$) *abnimmt*.

## II.2. Partikel unter dem Einfluß der Expansion

Das thermodynamische Verhalten eines den ganzen kosmischen Raum erfüllenden Gases wird von der adiabatischen Expansionsverdünnung (die Dichte nimmt $\sim R^{-3}$ ab) und von der als eigentlicher relativistischer Effekt auftretenden Abnahme der Teilchenimpulse ($\sim R^{-1}$) bestimmt. Die Verhältnisse lassen sich mit Hilfe der relativistischen BOLTZMANN-Gleichung beschreiben. Es ist zweckmäßig, dazu die SYNGEsche relativistisch invariante Verteilungsfunktion $N(x^\mu, \varepsilon, \theta, \Phi)$ des Partikelgases einzuführen, die mit der gewöhnlichen spektralen Teilchendichte $n(x^\mu, \varepsilon, \theta, \Phi)$ in der Beziehung

$$N = n/\left(\varepsilon\sqrt{\varepsilon^2 - m^2c^4}\right) \tag{II.21}$$

steht. Hier ist $n(x^\mu, \varepsilon, \theta, \Phi)\,\mathrm{d}\varepsilon\,\mathrm{d}\Omega\,(\mathrm{d}\Omega = \sin\theta\,\mathrm{d}\theta\,\mathrm{d}\Phi)$ die Zahl der Partikel pro cm³, die sich im Energieintervall $\varepsilon$, $\varepsilon + \mathrm{d}\varepsilon$ in das Raumwinkelelement $\mathrm{d}\Omega$ (Richtung $\theta, \Phi$) bewegen, $m$ ist die Teilchenruhmasse, die Energiedichte

$$\varepsilon = \frac{mc^2}{\sqrt{1-\beta^2}} = \gamma mc^2, \qquad \beta = v/c \tag{II.22}$$

schließt die Ruhmassenenergie $mc^2$ ein. $N$ besitzt die Dimension $\mathrm{ster}^{-1}\,(\mathrm{erg\,cm})^{-3}$. Bei dieser Gelegenheit seien noch andere hier benutzte Bezeichnungen notiert. Wir verwenden

$$\bar{n}(\varepsilon) = \int n(x^\mu, \varepsilon, \theta, \Phi)\,\mathrm{d}\Omega,$$
$$\bar{n} = \int \bar{n}(\varepsilon)\,\mathrm{d}\varepsilon \tag{II.23}$$

für die winkelintegrierten und energieintegrierten Teilchendichten. Zur Beschreibung kosmischer Strahlung ($\gamma \gg 1$) werden auch Teilchenströme im Einheitsraumwinkel

$$J(\varepsilon) = c\beta n(\varepsilon) \approx cn(\varepsilon) \quad [\text{Teilchen ster}^{-1}\,\text{cm}^{-2}\,\text{s}^{-1}\ \text{Energieeinheit}^{-1}] \tag{II.24}$$

eingeführt. — Für Partikel mit Ruhmasse ist es zweckmäßig, die Energieabhängigkeit in $n(x^\mu, \varepsilon, \theta, \Phi)$, kurz auch mit $n(\varepsilon)$ bezeichnet, mit Hilfe des LORENTZ-Faktors $\gamma = \varepsilon/mc^2$ darzustellen; dabei gilt $n(\varepsilon) = n(\gamma)/mc^2$.

Der Vorzug einer Verwendung der Verteilungsfunktion $N$ gegegenüber $n$ liegt in ihrer Invarianz gegenüber LORENTZ-Transformationen. Geht man auf ein Bezugssystem $\Sigma'$ über, das sich mit der Geschwindigkeit $\bar{\beta} c$ in Richtung der Polarachse $\theta = 0$ das alten Systems $\Sigma$ bewegt, so ändern sich lediglich die Argumente $\varepsilon, \theta, \Phi$ der Funktion $N$ gemäß

$$\varepsilon = \varepsilon' f, \quad \sin\theta = \sin\theta'/f, \quad \Phi = \Phi',$$

$$f = (1 + \bar{\beta}\cos\theta')/\sqrt{1 - \bar{\beta}^2} \tag{II.25}$$

ab. Die Benutzung von $N$ erfordert gleichwohl die Angabe eines bestimmten Bezugssystems (neben der Angabe eines Koordinatensystems $x^\mu$), da $N$ im allgemeinen von den Argumenten $\varepsilon, \theta, \Phi$ abhängt. Allgemein-relativistisch wird ein Bezugssystem durch ein „Vierbein" $\lambda^\mu_{(0)}$, $\lambda^\mu_{(i)}$ (mit $i = 1, 2, 3$) realisiert. Die BOLTZMANN-Gleichung lautet dann mit einem zunächst noch nicht festgelegten Stoßterm auf der rechten Seite

$$p^{(a)} \lambda^\mu_{(a)} \frac{\partial N}{\partial x^\mu} - p^{(a)} p^{(b)} \Gamma^{(c)}_{ab} \frac{\partial N}{\partial p^{(c)}} = \left(\frac{\mathrm{d}N}{\mathrm{d}\tau}\right), \tag{II.26}$$

wobei

$$\Gamma^c_{ab} = \lambda^\mu_{(a)} \lambda^{(c)}_\nu \lambda^\nu_{(b),\mu}, \quad a = 0, 1, 2, 3 \tag{II.27}$$

die RICCIschen Rotationskoeffizienten des Vierbeins und

$$p^{(a)} = \varepsilon(1, \beta\cos\theta, \beta\sin\theta\cos\Phi, \beta\sin\theta\sin\Phi) \tag{II.28}$$

die Bein-Komponenten des Energie-Impulsvektors eines Teilchens (mit der Dimension einer Energie) sind. $\lambda^\mu_{(0)}$ kann als Vierergeschwindigkeit eines „Fundamentalbeobachters" (d. h. eines relativ zur Materie seiner Umgebung ruhenden Beobachters) angesehen werden; $\lambda^\mu_{(i)}$ sind dann drei zueinander und zur zeitartigen Richtung $\lambda^\mu_{(0)}$ orthogonale räumliche Richtungen im Ruhraum des Beobachters, die dort ein kartesisches Koordinatensystem $\Sigma$ aufspannen. Bezüglich $\Sigma$ sind die Polarwinkel $\theta$, $\Phi$ der Ausbreitungsrichtung $n^i$ definiert:

$$\begin{aligned} n^i &= (\cos\theta, \sin\theta\cos\Phi, \sin\theta\sin\Phi), \\ a^i &= (-\sin\theta, \cos\theta\cos\Phi, \cos\theta\sin\Phi), \\ b^i &= (0, -\sin\Phi, \cos\Phi). \end{aligned} \tag{II.29}$$

$a^i$ und $b^i$ sind zwei zur Ausbreitungsrichtung senkrechte Einheitsvektoren. Für die homogen-isotropen FRIEDMANN-Modelle ist es zweckmäßig, $\lambda^{\mu}_{(0)}$ mit der Vierergeschwindigkeit der Materie zu identifizieren und das Bezugssystem $\Sigma$ so zu wählen, daß es mit dem im Linienelement (II.2) benutzten „quasikartesischen" Koordinatensystem $x^i$ zusammenfällt. Eine einfache Rechnung ergibt dann für die BOLTZMANN-Gleichung (I.26) folgende explizite Gestalt, bei der noch der Stoßterm auf der rechten Seite in einer vereinfachten BGK-Approximation durch einen Absorptions- und einen isotropen Emissionssterm ersetzt wurde:

$$\frac{1}{c}\frac{\partial N}{\partial t} + \frac{\beta}{R}\left(1 + \frac{k r^2}{4}\right) n^i \frac{\partial N}{\partial x^i} - \varepsilon\,\frac{\partial N}{\partial \varepsilon}\,\frac{\dot{R}}{R}\,\beta^2\,\frac{1}{c} \tag{II.30}$$

$$- \frac{k\varepsilon}{2R}\,\beta\left(x^i a^i \frac{\partial N}{\partial \theta} + \frac{x^i b^i}{\sin\theta}\,\frac{\partial N}{\partial \Phi}\right) = a(-N + N_0).$$

$N_0$ ist die sich bei hinreichenden Relaxationsmöglichkeiten einstellende Gleichgewichtsverteilung des Gases, z. B. in einem relativistischen BOLTZMANN-Gas die JÜTTNERsche Verteilungsfunktion zur Temperatur $T$:

$$N_0 = \frac{n_0 e^{-\varepsilon/kT}}{4\pi\, m^2 c^4 kT\, K_2(mc^2/hT)}, \tag{II.31}$$

$K_2(x)$ bezeichnet eine modifizierte BESSEL-Funktion. Bei der Anwendung auf Frühstadien der metagalaktischen Entwicklung kann $k = 0$ gesetzt werden, da hier der Teilchenhorizont so klein ist, daß eine durch $k \neq 0$ beschriebene räumliche Krümmung der Metrik noch nicht ins Spiel kommt. Es werde ferner räumliche Homogenität der Teilchenverteilung angenommen, d. h. $\partial N/\partial x^i = 0$. Die allgemeine Lösung der so vereinfachten BOLTZMANN-Gleichung läßt sich dann

$$N = \exp\left(-\int\limits_{t_1}^{t} a\left(\frac{\varepsilon R}{R'}, t'\right) \mathrm{d}t'\right) N_1([m^2c^4 + R^2(\varepsilon^2 - m^2c^4)/R_1{}^2]^{1/2}$$

$$+ c \int\limits_{t_1}^{t} \mathrm{d}t'\, a\left(\frac{\varepsilon R}{R'}, t'\right) N_0\,([m^2c^4 + R^2(\varepsilon^2 - m^2c^4)/R^{1/2})$$

$$\times \exp\left(-c\int\limits_{t'}^{t} a\left(\frac{\varepsilon R}{R''}, t''\right) \mathrm{d}t''\right) \tag{II.32}$$

schreiben, wobei $N_1(\varepsilon)$ die Anfangsverteilung zur Zeit $t = t_1$ ist. Aus dieser Relation ergeben sich eine Reihe von Schlüssen. Ist

$\tau = c \int_{t_1}^{t} a\left(\frac{R\varepsilon}{R'}, t'\right) dt'$ zwischen $t$ und $t_1$ klein gegenüber 1, d. h., kann das Gas als nahezu stoßfrei angesehen werden, so gilt in dieser Näherung

$$N = f\left(\left[\frac{m^2c^4}{(kT_1)^2}\left(1 - \frac{R^2}{R_1^2}\right) + \left(\frac{R\varepsilon}{R_1kT_1}\right)^2\right]^{1/2}\right), \tag{II.33}$$

falls die Anfangsverteilung mit Hilfe einer Temperatur $T_1$ gemäß

$$N_1 = f(\varepsilon/kT_1) \tag{II.34}$$

dargestellt wird. Im Falle einer hohen Anfangstemperatur $kT_1 \gg mc^2$ folgt

$$N = f\left(\frac{R\varepsilon}{R_1kT_1}\right) = f(\varepsilon/kT), \tag{II.35}$$

d. h., die *Form* der Verteilungsfunktion bleibt mit einer gemäß $T = T_1R_1/R$ im Laufe der Zeit abfallenden Temperatur erhalten. Dies gilt für jene (hochenergetischen) Bereiche des Energiespektrums, in denen die Expansions-Vergrößerung $R/R_1$ klein gegenüber dem Lorentz-Faktor $\gamma = \varepsilon/mc^2$ bleibt. Wächst jedoch der Skalenfaktor im Laufe der Zeit so stark an, daß für eine vorgegebene Teilchenenergie $R/R_1 \gg \varepsilon/mc^2$ wird, so geht die Verteilungsfunktion asymptotisch in

$$N = f\left(\frac{R^2m^2c^4}{R_1^2\,kT_1\varepsilon}\right) \tag{II.36}$$

über. Für Teilchenenergien, die klein gegenüber der Ruhmasse sind, stellt sich die Verteilung (II.36) bereits kurze Zeit nach dem Zeitpunkt $t_1$ ein. Diese Bemerkungen gelten unabhängig von der konkreten Form der Verteilungsfunktion, sind also z. B. auch auf Bose- und Fermi-Gase anwendbar. Wir illustrieren die Verhältnisse an der relativistischen Boltzmann-Verteilung (II.31). Für hohe Temperaturen ($mc^2/kT \ll 1$) hat (II.31) die Form (II.35)

$$N = \frac{\bar{n}\,e^{-\varepsilon/kT}}{8\pi(kT)^3}, \tag{II.37}$$

wobei die (gesamte) Teilchendichte $\bar{n}$ und die Temperatur $T$ wie $R^{-3}$ bzw. $R^{-1}$ variieren. Im nichtrelativistischen Bereich ($v \ll c$) geht (II.31) in die normale BOLTZMANN-Verteilung über:

$$N = \frac{\bar{n} \exp(-mv^2/2kT)}{(2\pi mc^2 kT)^{3/2}}. \qquad \text{(II.38)}$$

Mit $\varepsilon \approx mc^2(1 - v^2/2c)^2$ kann (II.38) leicht als mit (II.36) identisch nachgewiesen werden, wobei für den Temperaturabfall $T = T_1 R_1{}^2/R^2$ (und weiterhin $\bar{n} \sim R^{-3}$) gilt.

Im entgegengesetzten Grenzfall eines stoßbestimmten Gases ist die Anfangsverteilung $N_1$ (erster Term in (II.32)) nach einer Relaxationszeit $(ac)^{-1}$ abgeklungen. Die Wechselwirkungen erzwingen eine nur schwach von der Gleichgewichtsverteilung abweichende Verteilungsfunktion für das Gas:

$$N = N_0 + \frac{1}{ca}\left(\frac{\dot{R}}{R}\beta^2\varepsilon\frac{\partial N_0}{\partial\varepsilon} + \frac{\dot{R}}{R}\frac{N_0}{a}\varepsilon\frac{\partial a}{\partial\varepsilon} - \frac{\dot{a}}{a}N_0\right) \qquad \text{(II.39)}$$

Die zu $1/ac$ proportionalen Abweichungen sind jedoch signifikant und zeigen, daß die Expansion bei fehlenden Wechselwirkungen im allgemeinen Abweichungen von der Gleichgewichtsverteilung hervorrufen würde.

Von den Momenten der Verteilungsfunktion $N$ wird hier insbesondere der die Momente zweier Ordnung zusammenfassende Energietensor

$$T^{\mu\nu} = \lambda^{\mu}_{(a)}\lambda^{\nu}_{(b)} \int p^{(a)} p^{(b)} N \,\mathrm{d}P, \mathrm{d}P = \beta\varepsilon \,\mathrm{d}\varepsilon \,\mathrm{d}\Omega, a, b = 0, 1, 2, 3 \qquad \text{(II.40)}$$

benötigt. Für eine im kosmologischen Bezugssystem homogene und isotrope Funktion $N$ reduziert er sich auf den Energietensor einer idealen Flüssigkeit

$$T^{\mu\nu} = u^{\mu}u^{\nu}(\varrho c^2 + p) + g^{\mu\nu}p \qquad \text{(II.41)}$$

mit

$$\varrho c^2 = 4\pi \int_{mc^2}^{\infty} N\varepsilon^2(\varepsilon^2 - m^2c^4)^{1/2} \,\mathrm{d}\varepsilon,$$

$$p = \frac{4\pi}{3}\int_{mc^2}^{\infty} N(\varepsilon^2 - m^2c^4)^{3/2} \,\mathrm{d}\varepsilon. \qquad \text{(II.42)}$$

Im Falle thermischen Gleichgewichts eines Fermionen- oder Bosonengases ist $N$ durch

$$N = \frac{g}{h^3 c^3} \left( \exp \left[ \frac{\varepsilon}{kT} + \alpha \right] \pm 1 \right)^{-1} \tag{II.43}$$

gegeben, wobei $g$ das statistische Gewicht des Teilchens (z. B. $g = 2$ für Elektronen) und $\alpha$ das chemische Potential ist. Im Falle nichtentarteter Partikel ist $\alpha$ (definitionsgemäß) klein gegenüber 1 und kann bei der Berechnung von $\varrho$ und $p$ vernachlässigt werden. Man erhält, wenn noch die Teilchendichte hinzugefügt wird,

$$\left.\begin{aligned} \varrho c^2 &= \frac{g k T}{2\pi^2} \left( \frac{kT}{\hbar c} \right)^3 I^{21}_{\pm}(y) \\ p &= \frac{g k T}{6\pi^2} \left( \frac{kT}{\hbar c} \right)^3 I^{03}_{\pm}(y) \\ \bar{n} &= \frac{g}{2\pi^2} \left( \frac{kT}{\hbar c} \right)^3 I^{11}_{\pm}(y) \end{aligned}\right\} \tag{II.44}$$

mit

$$I^{mn}_{\pm}(y] = \int_y^\infty x^m (x^2 - y^2)^{n/2} (e^x \pm 1)^{-1} \, dx, \quad y = mc^2/kT.$$

Im Grenzfall $kT \gg mc^2$ hängt $I^{mn}$ nicht mehr von $y$ ab:

$$\left.\begin{aligned} I^{21}_{+} &= I^{03}_{+} = \frac{7\pi^4}{120} \\ I^{21}_{-} &= I^{03}_{-} = \pi^4/15 \\ I^{11}_{+} &\approx 1{,}803 \\ I^{11}_{-} &\approx 2{,}404\,. \end{aligned}\right\} \tag{II.45}$$

## II.3. Strahlungsausbreitung

### *a) Hintergrundsstrahlung*

Wie in Abschnitt 1 qualitativ erläutert wurde, wird die Ausbreitung von Strahlung vom kosmologischen Gravitationsfeld beeinflußt. Diese Tatsache ermöglicht es, die Struktur des großräumigen kosmischen Gravitationsfeldes aus den Eigenschaften der in großen Entfernungen emittierten Strahlung abzulesen und auf diese Weise kosmologische Modelle zu testen. Die Strahlungstransportgleichung, die die Ausbreitung der Strahlung mathematisch beschreibt, erhält man formal aus der BOLTZMANN-Gleichung (II.31) vermöge der SYNGEschen Relation $N = I_\nu/(ch^4\nu^2)$. Die Intensität $I_\nu$ ist dabei wie üblich die pro Sekunde und Frequenzintervall durch eine Einheitsfläche in den Raumwinkel 1 strömende Strahlungsenergie. In den homogen-isotropen ROBERTSON-WALKER-Modellen gilt für $I_\nu$

$$\frac{1}{c}\frac{\partial I_\nu}{\partial t} + \frac{n^i}{R}\frac{\partial I_\nu}{\partial x^i}\left(1 + \frac{kr^2}{4}\right) + \frac{\dot{R}}{R}\left(3I_\nu - \nu\frac{\partial I_\nu}{\partial \nu}\right)$$

$$- \frac{ckx^i}{2R}\left(a^i\frac{\partial I_\nu}{\partial \theta} + \frac{b^i}{\sin\theta}\frac{\partial I_\nu}{\partial \Phi}\right) = -a_\nu I_\nu + j_\nu. \tag{II.46}$$

$a_\nu$ und $j_\nu$ sind die auf die Volumeneinheit bezogenen Koeffizienten von Absorption und Emission. Gegenüber der gravitationsfreien Transportgleichung enthält (II.46)

(a) das Produkt $(1 + kr^2/4)/R$ beim Intensitätsgradienten; $(1 + kr^2/4)$ berücksichtigt dabei (im gekrümmten Raum, $k \neq 0$) die Nichteuklidizität der Koordinaten $x^i$, während der Faktor $R^{-1}$ davon herrührt, daß die $x^i$ mit den normalen (nicht mitbewegten) Koordinaten $x^i$ durch $Rx^{i'} = x^{i'}$ verknüpfte „mitexpandierende“ Koordinaten sind;

(b) den der HUBBLE-Zahl $\dot{R}/R$ proportionalen Zusatzterm $-\nu\frac{\partial I_\nu}{\partial \nu}\dot{R}/R$, der die Rotverschiebung der Strahlung berücksichtigt;

(c) einen ähnlichen Term $3\,I_\nu\,\dot{R}/R$, der die Expansionsverdünnung des Strahlungsfeldes beschreibt;

(d) in den nichteuklidischen Modellen $k \neq 0$ einen Richtungsgradienten des Strahlungsfeldes, der davon herrührt, daß die in einem Weltpunkt mit den Koordinaten $x^i$ in eine Richtung $n^i(\theta, \Phi)$ emittierte Strahlung bei der Ankunft in einem anderen Weltpunkt im allgemeinen eine geänderte Richtung $n^i(\theta', \Phi') \neq n^i(\theta, \Phi)$ besitzt, es sei denn, die Strahlungsausbreitung erfolgt in Richtung des Koordinatenursprungs $(n^i = x^i/r)$.

Die lineare partielle Differentialgleichung erster Ordnung (II.46), die gegebenenfalls noch durch einen Streuterm auf der rechten Seite zu ergänzen ist, enthält implizit alle Aussagen über die Ausbreitung von Strahlung in ROBERTSON-WALKER-Modellen. Ihre Charakteristiken sind mit den Nullgeodätischen der RIEMANNschen Metrik (II.3) identisch. Die Lösung von (II.46) interessiert in den beiden Fällen einer über den ganzen Raum verteilten diffusen Hintergrundsstrahlung und der Strahlung eines punktförmigen Einzelobjektes. Im ersten Fall wird die Gleichung besonders einfach, wenn noch räumliche Homogenität des Strahlungsfeldes sowie homogen verteilte Strahlungsquellen und Absorber angenommen werden. Unter diesen Bedingungen bleibt ein anfänglich isotropes Strahlungsfeld auch weiterhin isotrop und genügt dann der einfachen Differentialgleichung

$$\frac{1}{c}\frac{\partial I_\nu}{\partial t} + \frac{\dot{R}}{cR}\left(3I_\nu - \nu\frac{\partial I_\nu}{\partial \nu}\right) = -a(\nu, t)\, I + j(\nu, t). \quad \text{(II.47)}$$

Ihre Lösung lautet mit einer Anfangsintensität $I^{(1)}(\nu)$ für einen beliebigen (nicht notwendig mit der Gegenwart zusammenfallenden) Zeitpunkt $t$:

$$I_\nu = \left(\frac{R_1}{R}\right)^3 I^{(1)}\left(\frac{\nu R}{R_1}\right) \exp\left[-c\int_{t_1}^{t} a\left(\frac{R}{R'}\nu, t'\right) \mathrm{d}t'\right]$$
$$+ c\int_{t_1}^{t} j\left(\nu\frac{R}{R'}, t'\right)\left(\frac{R'}{R}\right)^3 \mathrm{d}t' \exp\left[-c\int_{t_1}^{t} a\left(\frac{R\nu}{R''}, t''\right)\mathrm{d}t''\right]$$
$$\text{(II.48)}$$

Diese Beziehung läßt sich nach Einführung der auf die Gegenwart $t = t_0$ bezogenen Rotverschiebung $1 + z' = R/R' = (1 + z')/$

$(1 + z)$ und unter Berücksichtigung von (II.14) auch

$$I_\nu(z) = \frac{(1+z)^3}{(1+z_1)^2} I^{(1)}(\nu[1+z_1])$$
$$\times \exp\left[-\frac{c}{H_0}\int\limits_z^{z_1} \frac{a([1+z']\nu/(1+z), z')\,\mathrm{d}z'}{(1+z')^2(1+2q_0z')^{1/2}}\right]$$
$$+ \frac{c}{H_0}(1+z)^3 \int\limits_z^{z^*} \frac{\mathrm{d}z'\, j(\nu[1+z']/(1+z), z')}{(1+z')^5(1+2q_0z')^{1/2}}$$
$$\times \exp\left[-\frac{c}{H}\int\limits_z^{z'} \frac{a([1+z'']\nu/(1+z), z'')\,\mathrm{d}z''}{(1+z'')^2(1+2q_0z'')^{1/2}}\right] \tag{II.49}$$

schreiben. Elastische Streuprozesse ohne echte Absorption (d. h. mit einem Albedo 1), wie die THOMSON-Streuung an freien Elektronen, beeinflussen eine isotrope Intensität nicht.

Die Gleichungen (II.48) bzw. (II.49) dienen zur Berechnung des isotropen Anteils der kosmischen Hintergrundsstrahlung extragalaktischen Ursprungs; zur Existenz eines möglichen sehr kleinen von einer Anisotropie des Weltmodelles herrührenden anisotropen Anteils vgl. Abschnitt II.4.

Die Darstellung (II.49) gestattet u. a. eine einfache Diskussion des sog. „OLBERSschen Paradoxons", d. h. der elementaren Beobachtungstatsache, daß die von der Gesamtheit aller extragalaktischen Objekte emittierte Strahlung am Orte des heutigen Beobachters auch in einem räumlich unendlichen Universum nicht divergiert, wie es für ein statisches Universum (ohne Strahlungsabsorption) zu erwarten wäre. Die Endlichkeit des zur Gegenwart ($z = 0$) berechneten zweiten Integrals in Gl. (II.49) für $z_1 \to \infty$ ist bei verschwindender Absorption auch dann noch gesichert, wenn der Emissionskoeffizient $j$ mit wachsendem $z'$ wie $(1 + z')^n$ zunimmt, sofern $n < 4{,}5$ für $q_0 \neq 0$ und $n < 4$ für $q_0 = 0$ gilt. Es ist $n = 3$, falls der pro $g$ Materie berechnete Emissionskoeffizient $j_m = \varrho j$ sich zeitlich nicht ändert.

Für eine erste Abschätzung von zu erwartenden Absorptionseffekten kann der Absorptionskoeffizient $a([1 + z']\,\nu, z')$ in vielen Fällen durch $n_0(1 + z)^3\,\sigma$ approximiert werden, wobei $n_0$ die gegenwärtige Dichte intergalaktischer Elektronen (oder Protonen) des als ionisiert angenommenen intergalaktischen Mediums darstellt und der (totale) Streuquerschnitt $\sigma$ frequenzunabhänig ist. In diesem Fall ist der Exponentialfaktor $\Phi(z)$ in (II.49) explizit berechenbar. Für die Absorptionstiefe $\tau$ gilt dann

$$\tau = \frac{H_0}{100}\frac{\sigma}{\sigma_T}\frac{2 \cdot 10^{-2}}{q_0}[(1 + 2q_0 z)^{1/2} \cdot (q_0 z + 3q_0 - 1) + 1 + 3q_0)], \tag{II.50}$$

wobei der Streuquerschnitt $\sigma$ in Einheiten des THOMSON-Querschnittes $\sigma_T = 0{,}665 \cdot 10^{-24}\,\mathrm{cm}^2$ zu messen ist. Im Falle $\sigma/\sigma_T < 1$ erreicht $\tau$ erst bei Rotverschiebungen $z^* \gg 1$ die Ordnung 1. In diesem Fall gilt für $z^*$

$$z^* \approx 10{,}8 \left(\frac{\sigma_T}{\sigma}\right)^{2/3} \left(\frac{100}{H_0}\right)^{2/3} q_0^{-1/3}. \tag{II.51}$$

Es muß allerdings stets geprüft werden, ob die Frequenzunabhängigkeit von $\sigma$ über das große Frequenzintervall von $\nu$ bis $\nu(z^* + 1)$ wenigstens näherungsweise gültig ist.

Wir notieren noch einige nützliche Relationen. Neben der Intensität $I_\nu$ werden die spektralen Größen Energiedichte $u_\nu$ und Photonendichte $\bar{n}(\nu)$ bzw. $\bar{n}(\varepsilon)$ benötigt:

$$u_\nu = c \int I_\nu \,\mathrm{d}\Omega \;[\text{Energieeinheit cm}^{-3}\,\text{Hz}^{-1}],$$

$$h\bar{n}(\varepsilon) = \bar{n}(\nu) = \frac{1}{ch\nu}\int I_\nu \,\mathrm{d}\Omega \;[\text{cm}^{-3}\,\text{Hz}^{-1}]. \tag{II.52}$$

Die Intensitäten im Röntgen- und Gammabereich werden meist als Teilchenströme pro Raumwinkeleinheit

$$J_\nu = I_\nu/h^2\nu = cn(\varepsilon) \quad [\text{Photonen ster}^{-1}\,\text{cm}^{-2}\,\text{s}^{-1}\ \text{Energieeinheit}^{-1}] \tag{II.53}$$

angegeben.

Der Beitrag eines Strahlungsfeldes zum gravitationsfelderzeugenden Energie-Impulstensors ergibt sich aus (II.44), (II.45) mit $m = 0$ zu

$$u = \int u_\nu \,\mathrm{d}\nu = \int_0^\infty N\varepsilon^3 \,\mathrm{d}\varepsilon \,\mathrm{d}\Omega,$$

$$p = \frac{1}{3}\int N\varepsilon^3 \,\mathrm{d}\varepsilon \,\mathrm{d}\Omega = u/3. \tag{II.54}$$

Die ultrarelativistische Zustandsgeleichung $p = u/3$ ist unabhängig von der konkreten Form der Verteilungsfunktion $N$.

### b) *Strahlung von Einzelquellen*

Im Falle der Strahlung eines Einzelobjektes läßt sich verifizieren, daß der Strahlungsstrom

$$\begin{aligned} S_\nu &= \frac{R_1}{R^3 r^2} P\left(\nu \frac{R}{R_1}, t_1\right)\left(1 + \frac{k r^2}{4}\right)^2 \Phi \\ &= P(\nu[1+z], z)\,(1+z)\, H_0{}^2 q_0{}^4 / \\ &\quad \left[q_0 z + (q_0 - 1)\left(\sqrt{1 + 2q_0 z} - 1\right)\right]^2 \end{aligned} \tag{II.55}$$

die Strahlungstransportgleichung (II.46) erfüllt; der Absorptionsfaktor $\Phi$ ist als Funktion der Rotverschiebung $z$ mit dem zweiten Exponentialglied in (II.49) identisch. Dabei ist, um eine dimensionell korrekte Lösung von (II.46) (d. h. eine *Intensität*) zu erhalten, die rechte Seite von (II.46) noch mit dem Produkt der Deltafunktionen

$$\delta(\theta - \theta_0[x^i])\,\delta(\Phi - \Phi_0[x^i]) \tag{II.56}$$

zu multiplizieren. Sie besagen, daß die Strahlung von einer punktförmigen, in Richtung $\theta = \theta_0$, $\Phi = \Phi_0$ gelegenen Quelle stammt. Von der Quelle aus gesehen, besitzt der Beobachter die Koordinaten $x^i$ bzw. den Koordinatenabstand $r = (x_1{}^2 + x^2 + x_3{}^2)^{1/2}$. $P(\nu, t_1)$ ist die von der Punktquelle zur Zeit $t_1$ in den Einheitsraumwinkel pro Sekunde emittierte Strahlungsenergie im Frequenzbereich $\nu$, $\nu + d\nu$. Der (spektrale) Helligkeitsabstand $D_{sp}$, definiert durch $S_\nu \sim D_{sp}^{-2}$, folgt dann aus (II.55) zu

$$D_{sp} = \frac{R r}{1 + \frac{k r^2}{4}} \left(\frac{R}{R_1}\right)^{1/2}. \tag{II.57}$$

Gleichung (II.55) liefert den *spektralen* Strahlungsstrom; für den über ein Frequenzband integrierten Gesamt-Strahlungsstrom gibt es bei frequenzabhängigem Absorptionskoeffizienten keine einfache Relation.

Neben der Gesamtintensität ist die lineare Ausdehnung von Quellen eine in vielen Fällen (gegebenenfalls interferometrisch) meßbare Größe. Der Winkel $\varphi$, unter dem ein linearer Abstand $x$ in einer Koordinatenentfernung $r$ gesehen wird, ist

$$\varphi = x/\xi, \qquad \xi = \frac{R_0 r}{\left(1 + \frac{k r^2}{4}\right)(1 + z)}. \tag{II.58}$$

Nach Einführung numerischer Werte folgt aus (II. 58)

$$\varphi'' = 0{,}0688 \cdot x \frac{q_0{}^2 (1 + z)^2}{q_0 z + [q_0 - 1]\left(\sqrt{1 + 2 q_0 z} - 1\right)}, \tag{II.59}$$

wobei $x$ in kpc und $\varphi$ in Bogensekunden zu messen sind. $\varphi$ besitzt bei vorgegebenem $x$ einen Minimalwert bei einer Rotverschiebung $z_0$, für die sich aus (II.59) eine kubische Bestimmungsgleichung ergibt; für $q_0 = 0, {}^1/_2, 1$ ist $z_0 = \infty; 1{,}25; 1$.

Aus (II.55) und (II.58) folgt eine Relation für die spektrale Flächenhelligkeit ausgedehnter Quellen. Wird $P(\nu, t)$ in das Produkt $B(\nu, t)\ \Delta F$ von spektraler Flächenhelligkeit und Flächenelement $\Delta F$ aufgespalten, so gilt mit dem Raumwinkel

$$\Delta\Omega = \Delta F/\xi^2, \tag{II.60}$$

unter dem das Flächenelement $\Delta F$ erscheint, für die Beziehung zwischen der scheinbaren Flächenhelligkeit $S_\nu/\Delta\Omega$ und der Quellen-Flächenhelligkeit $B(\nu, t)$

$$S_\nu/\Delta\Omega = \frac{B(\nu[1 + z], t_1)}{(1 + z)^3} \tag{II.61}$$

(im MINKOWSKI-Raum stimmen $S_\nu/\Delta\Omega$ und $B$ überein). Die „bolometrische" (frequenzintegrierte) Flächenhelligkeit fällt wie $(1 + z)^{-4}$ ab.

Die in den Relationen (II.55) usw. auftretende Radialkoordinate $r$ und Emissionszeit $t_1$ hängen zusammen, da sie die räumliche bzw. Zeit-Koordinate des auf dem Vergangenheitslichtkegel des Beobachters liegenden Emissions-Ereignisses darstellen. Es ist zweckmäßig, sie beide, wie es bereits in (II.55) und den folgenden Formeln geschah, durch die der direkten Messung zugängliche Rotverschiebung $z$ zu ersetzen. Die entsprechenden Relationen lauten, wie man aus einer Diskussion der Gleichung für radiale Lichtstrahlen entnimmt, nach MATTIG

$$D = \frac{R_0(1+z)\,r}{1+\dfrac{kr^2}{4}} = \frac{c}{H_0 q_0^2}\left(q_0 z + [q_0 - 1]\left[\sqrt{1+2q_0 z} - 1\right]\right), \tag{II.62}$$

$$R(t_1) = R(t)/(1+z). \tag{II.63}$$

*c) Quellzählungen*

Eine weitere wichtige kosmologische Größe ist die Anzahl $\mathrm{d}\mathfrak{N}$ von Strahlungsquellen, deren spektrale Intensitäten bei einer Frequenz $\nu$ im Bereiche $P_\nu$, $P_\nu + \mathrm{d}P_\nu$ liegen und die bis zu einer Grenzintensität $S_\nu$ im Raumwinkel $\Omega$ beobachtet werden:

$$\mathrm{d}\mathfrak{N} = \mathfrak{N}(I_\nu, P_\nu)\,\mathrm{d}\Omega\,\mathrm{d}P_\nu. \tag{II.64}$$

$\mathfrak{N}$ läßt sich auf die bezüglich $P_\nu$ auf 1 normierte $\left(\int \Psi(P_\nu, t)\,\mathrm{d}P_\nu = 1\right)$ Helligkeitsfunktion $\Psi(P_\nu, t)$ der Quellen zurückführen. $\varrho\Psi(P_\nu, t)$ $\mathrm{d}P_\nu$ ist dabei die Zahl der Quellen pro cm$^3$, deren pro Raumwinkelelement berechnete Energieabstrahlung bei der Frequenz $\nu$ zwischen $P_\nu$ und $P_\nu + \mathrm{d}P_\nu$ liegt. Aus einer Kugelschicht der Dicke $\mathrm{d}r$ im Koordinatenabstand $r$ tragen (bei Berücksichtigung der i. a. nichteuklidischen Geometrie des Raumes) $\varrho R^3 r^2 \mathrm{d}r/(1 + kr^2/4)^3$ Quellen zu $\mathrm{d}\mathfrak{N}$ bei. $\mathfrak{N}$ ergibt sich daraus zu

$$\mathfrak{N}(S_\nu, P_\nu) = \int\limits_0^{r^*} \frac{\varrho(t)\,R^3 r^2\,\mathrm{d}r}{\left(1+\dfrac{kr^2}{4}\right)^3}\,\Psi(P_\nu, t), \tag{II.65}$$

wobei $r^*$ diejenige aus (II.55) zu berechnende Entfernung bzw. Rotverschiebung ist, in der eine Quelle der absoluten Helligkeit $P_\nu$ mit der scheinbaren Helligkeit $S_\nu$ registriert wird. ($\tilde{\varrho}(z) = R^3\varrho$ ist die auf ein mitbewegtes Volumenelement bezogene und zur Gegenwart mit der tatsächlichen Quellendichte zusammenfallende Zahl der Quellen pro cm$^3$; eine $z$-Abhängigkeit von $\tilde{\varrho}$ beschreibt somit eine über den Expansionseffekt hinausgehende zeitliche Änderung der Quellendichte). Die Zahl aller bis zur Grenzintensität $S_\nu$ beobachteten Quellen ist

$$\mathfrak{N}(S_\nu) = \int_0^\infty \mathfrak{N}(S_\nu, P_\nu)\, \mathrm{d}P_\nu . \qquad \text{(II.66)}$$

## II.4. Homogen-anisotrope Weltmodelle

Ein homogen-isotropes Robertson-Walker Weltmodell wird nur bis zu einer gewissen Annäherung realisiert sein. Verallgemeinerungen mit Zulassung großräumiger Inhomogenitäten in der Materieverteilung widersprechen einem „Kopernikanischen Prinzip", daß der irdische Beobachter keine ausgezeichnete Stellung im Kosmos einnimmt. Dieses Prinzip führt zu den *homogen-anisotropen* Weltmodellen, bei denen die Expansionsgeschwindigkeit der Materie richtungsabhängig ist, während sich die räumliche Homogenität dadurch ergibt, daß eine mindestens dreiparametrige Bewegungsgruppe existiert, die auf den dreidimensionalen Unterräumen $t = \text{const}$ transitiv wirkt (d. h., jeder Punkt des Raumes $t = \text{const}$ kann von einem beliebigen anderen durch eine Verschiebung in Richtung der Gruppenerzeugenden erreicht werden). Die Klassifikation der Bewegungsgruppen ergibt neun verschiedene Typen von Räumen, die „Bianchitypen". Der einfachste Fall (Bianchityp I) ist eine Verallgemeinerung des Einstein-de-Sitter-Universums mit unterschiedlichen Expansionsraten in den drei Raumrichtungen:

$$\mathrm{d}s^2 = -\mathrm{d}t^2 c^2 + A^2(t)\,\mathrm{d}x^2 + B^2(t)\,\mathrm{d}y^2 + W^2(t)\,\mathrm{d}z^2. \qquad \text{(II.67)}$$

Die Lösung der Einsteinschen Feldgleichungen zur Metrik (II.67) können für inkohärente (staubförmige) Materie, für ein ideales Gas der allgemeinen Zustandsgleichung $p = f\varrho c^2$ $(0 \leqq f \leqq 1)$, teilweise auch mit überlagertem homogenen Magnetfeld, analytisch angegeben werden. Einige spezielle Lösungen sind auch für andere Bianchitypen bekannt, jedoch nur in solchen Spezialfällen, in denen keine Rotationsbewegung der kosmischen Materie auftritt.

Ein homogenes Strahlungsfeld, das sich in diesen Modellen ausbreitet, wird *anisotrop*, auch wenn es anfänglich im thermischen Gleichgewicht mit dem prägalaktischen Gas isotrop war. Spielt die Wechselwirkung mit Materie keine Rolle mehr bei der Ausbreitung, d. h., ist die mittlere freie Weglänge der Photonen groß gegenüber der Entfernung zum optischen Horizont, und kann die Emission vernachlässigt werden („stoßfreie Strahlung"), so unterliegt das Photonengas nur noch gravitativen Wechselwirkungen. Eine zur Zeit $t = t_1$ bestehende beliebige Frequenzabhängigkeit der Strahlung in der Form $I_\nu = f(h\nu/kT)$ bleibt unter diesen Bedingungen für alle Zeiten bestehen, wie man durch Substitution von $N = ch^4\nu^3 f(h\nu/kT)$ in die allgemeine Transportgleichung (II.26) mit verschwindendem Stoßterm nachweist; lediglich die Temperatur $T$ wird anisotrop, d. h. hängt von der Ausbreitungsrichtung der Strahlung ab. Die Strahlungsintensität läßt sich somit auf ein Temperaturfeld zurückführen, dessen Orts- und Richtungsabhängigkeit die Struktur des durchlaufenen Gravitationsfeldes widerspiegelt. Diese Aussage gilt für beliebige Gravitationsfelder; Voraussetzung ist lediglich, daß in die Anfangsverteilung der Intensität, $f(h\nu/kT)$, eine Orts- und Richtungsabhängigkeit nur über die Temperatur $T$ eingeht.

Auch durch die Klasse der homogen-anisotropen Modelle dürfte die metrische Struktur der Metagalaxis nur innerhalb bestimmter Grenzen, d. h. nur in einer gewissen Umgebung des Beobachters, beschrieben werden können. Daß dieser vierdimensionale Bereich relativ groß ist und zumindest bis zu Rotverschiebungswerten $z \approx 10^3$ zurückreicht, ergibt sich im wesentlichen nur aus der kosmologischen Interpretation der 3-K-Strahlung und ihrer beobachteten sehr kleinen Anisotropie. Es gibt jedoch im Prinzip auch die Möglichkeit, die 3-K-Strahlung auf andere Weise (als Überlagerung der Strahlung diskreter Quellen) zu deuten. Vor allem weist die bisher ungeklärte intensive Hintergrundsstrahlung im Submillimetergebiet darauf hin, daß die bisher üblichen Vorstellungen eines Friedmannschen Materie- bzw. in frühen Entwicklungsepochen Tolmanschen Strahlungskosmos mit nur schwacher Anisotropie vielleicht zu speziell sind. Es ist nicht ausgeschlossen, daß für Rotverschiebungen $z \approx 10^3$ — oder bereits für kleinere $z$ — erhebliche Abweichungen von homogenen und schwach anisotropen Weltmodellen bestanden, die sich möglicherweise bereits in den Beziehungen zwischen den beobachtbaren Parametern von QSO (Intensität, Rotverschiebung, Durchmesser usw.) in dem Sinne auswirken, daß die Gln. (II.55)—(II.66) nur noch genähert gelten.

# Literaturverzeichnis


[1] BONDI, H., Cosmology, Cambridge 1952.

[2] ALLEN, C. W., Astrophysical Quantities, London 1955.

[3] SYNGE, J. L., The Relativistic Gas, Amsterdam 1957.

[4] WEBER, J., General Relativity and Gravitational Waves, New York 1961.

[5] GINZBURG, W. L., und SYŘOVATSKY, S. I., Ursprung der kosmischen Strahlung, Moskau 1963 (in russ. Sprache).

[6] McVITTIE, G. C., General Relativity and Cosmology, London 1965.

[7] FOWLER, W. A., and HOYLE, F., Nucleosynthesis in Massive Stars and Supernovae, Chicago University Press, Chicago 1965.

[8] HARRISON, B. K., THORNE M. WAKANO, K.-S., and WHEELER, J. A., Gravitation Theory and Gravitational Collapse, Chicago University Press, Chicago 1965.

[9] ROBINSON, I., SCHILD, A., und SCHÜCKING, E.-L., (Herausgeber), Quasi-Stellar Sources and Gravitational Collapse, Chicago University Press, Chicago 1965.

[10] DEWITT, C., SCHATZMANN, E., und VERON, P., (Herausgeber), High-Energy Astrophysics I—III, Gordon and Breach Science Publishers, New York 1967.

[11] ZELDOVICH, YA. B., und NOVIKOV, I. D., Relativistische Astrophysik (in russ. Sprache), Moskau 1967.

[12] BUGAJEW, E. W., KOTOW, Ju. D., und ROSENTAL, I. L., Kosmische Müonen und Neutrinos (in russ. Sprache), Moskau 1970.

[13] SCIAMA, D. W., Modern Cosmology, Cambridge University Press, Cambridge 1971.

# Sachregister

**Der Verfasser**

- gibt einen Überblick über neuere Beobachtungsergebnisse der relativistischen und hochenergetischen Astrophysik

- geht auf die kürzlichen Entdeckungen der Pulsare und kosmischen Gravitationsstrahlung ein

- diskutiert die kosmologischen Konsequenzen von Messungen der Radio-, Mikrowellen-, Röntgen- und Gamma-Hintergrundstrahlung sowie der kosmischen Strahlung

WISSENSCHAFTLICHE TASCHENBÜCHER

MIX
Papier | Fördert gute Waldnutzung
FSC® C083411

Zeitfracht Medien GmbH
Ferdinand-Jühlke-Straße 7
99095 Erfurt, Deutschland
produktsicherheit@kolibri360.de